参与编写人员名单

施 萍 王 慧 Chantelle 董 晔

李依农　杨冰瑶　方超群

项目化学习的中国建构丛书
夏雪梅 ◎主编

PBL

跨学科项目经典案例：

太空
探索"家"

吴萍 易菀兰 刘潇 编著

教育科学出版社
·北京·

让素养在中国的课堂上真实地生长

尹后庆[*]

当前，我国基础教育课程改革正在进入一个新的历史阶段。我们已经提出了中国学生发展核心素养体系，并正在以学生发展核心素养为主线着力建设和完善基础教育课程体系。一系列新的理念和设计贯穿从普通高中到义务教育阶段的课程方案和课程标准的修订，这些理念和设计的落实需要整个教育系统所有人形成共识，共同学习在面向未来的教学体系中需要具备的各种能力。正因如此，我们的任务非常艰巨。假如我们都把自己认定为教育工作者——不管是实践者、研究者还是决策者——我们要共同献身于教育事业的话，哪怕这条道路再艰难，都得去走。

核心素养是个人在信息化、全球化、学习型社会，面对复杂的不确定的情境时，综合运用所学的知识、观念、方法，在解决实际问题时所表现出来的价值观、必备品格和关键能力。核心素养强调的关键是价值观，强调对真实、复杂性问题的解决能力。

指向核心素养的教育变革是一个系统的变革。第一，我们需要以核心素养为指引提炼各学科的大观念、大概念，也就是要通过提炼各学科在培育学生核心素养中可能和应该做出的贡献，贯通从知识点走向学科育人目标的全程。第二，我们需要以核心素养为指引和依据来选择学习内容，也就是解决"学什么"的问题。在国家层面，反映为教材的编制；在学校和教师层面，表现为依据学情对教材进行校本化、生本化的探索。第三，我们需要设计保证核心素养目标得到落实的教学过程和教学方法，也就是解决"怎么学"的问题。要从"以知识为本"的教学转变为"以核心素养为本"的教学，从"以讲授为中心"的课堂转变为"以学习为中心"的课

---

[*] 国家督学，中国教育学会副会长，上海市教育学会会长。

堂。第四，我们需要设计与核心素养培育的教学目标和方式相适应的评价标准和评价方法。评价将引导和促进教师在教学中坚持和坚守素养目标。

核心素养培育的落实不仅仅是教学内容的选择和变更，更是以学习方式和教学模式变革为保障的系统变革。要真正实现学习方式和教学模式的改变，需要深刻理解人是如何学习的，需要回归学习的本质，回归学习是对问题的探求。在这个过程中，学习者既能够对外部世界有深入的探求，又能够实现对自己精神家园的建构，这应该是学习的本意。因为学习不再只是把外部世界的知识装进脑袋里，而更应该是学习者在持续地自我发现问题和自主解决问题中，探索世界，认知自我，发展理性。

项目化学习是体现这种学习本质的方式之一。项目化学习要引导学生在真实情境中发现问题、解决问题，又在解决问题过程中去发现新问题，呵护和点燃学生的学习热情，引导学生探究并体验包括学科知识在内的外部世界，发展对学科以及外部世界的内在兴趣。项目化学习最重要的价值是对问题的持续不断的探求，这是学习的本质。探求的过程不仅仅是实现对外部世界的探索，而且要在对外部世界的探索中不断追问自己，不断形成自己的价值观念，不断形成自我的精神世界。这是需要我们在未来的学习中大力倡导的。

今天在我国的教育背景中探讨项目化学习，要立足于我们国家基础教育课程变革的整体环境。项目化学习的探讨和推进不是孤立的，而是要上联对立德树人的思考，下接对学生学习质量的追问，考虑学生的知识学习逻辑和项目逻辑之间的关系。

项目化学习是有思维含量和思维发展意义的学习。项目化学习要让学生透过问题的情境看到问题的本质，要在实际问题的探究和解决中，调动和激活相关的知识，形成可迁移的思维方式，并在项目的完成中实现对不同学科知识的深度理解。从这个意义上说，项目化学习是创造条件让学生不断迸发思维火花、产生精彩观念的过程。

项目化学习要让学生热情而有创意地生活。我们的孩子不能只是学科知识的复制者，而应该是有灵动生命的生活者。项目化学习真实性情境的特征联结了生命、学科和世界，赋予他们探究的双眼、具身的体验，促进他们更热情、更自由、更富有创造性地投入到对世界的探索中。

项目化学习要让学生感受到学习的意义。我们的老师经常会问一个问题：我花比较少的时间就可以把知识教给学生了，而让学生自己去探究需要花很长时间，那教学有效性体现在什么地方？我想，现有知识传授过程中的有效和无效上面，还应该有一项"意义"原则。所谓"意义"，就是人生活的目的，即谋求人与世界更好地相处。具体就是谋求完善自我，完善与他人及社会的关系，谋求人与自然的关系。这个意义是在所谓有效与无效之上的。更好地实现这个意义就是有效。当这个意义无法实现的时候，再多的用符号表达的知识记忆，其意义也是缺失的。项目化学习的过程和成果都应该让学生获得学习的意义。

在这样的学习中，教师的责任是什么？教师要在教学中创造鲜活的、智慧的、符合人的学习成长规律的生活，而不是把教学作为一套机械、僵化、背离人的学习和成长规律的操作程序。项目化学习是教师和学生合作展开有意义的探究的过程，在探究中表达并实现自己的思想和意义。

在复杂的、变动不羁的时代，教育有自己的使命、理想和追求。素养导向的教育变革是这个时代一项伟大而艰巨的使命，需要我们安静和专业地去对待。我相信，只要我们认准一个目标，脚踏实地地去做，目标就一定会实现。学习基础素养项目组 6 年来的研究和实践历程能够表明，长期扎根于学校课堂的实践和探索，始终致力于素养在课堂中的落地转化，最终是能开花结果的。我们高兴地看到，实践中正在涌现一批生动活泼地探索项目化学习的学校和教师，这是令人振奋的事情。我们需要更多的前行者和探索者，不畏艰辛，勇于思考，积极开拓，让这场静悄悄的变革、意义深远的变革在更多的课堂里生根、开花、结果。

2020年11月

项目化学习的中国建构需要什么?

夏雪梅

—

项目化学习的中国建构需要价值观作为灵魂

我们为什么需要项目化学习?

在第一本书《项目化学习设计:学习素养视角下的国际与本土实践》中,我们提出,项目化学习是为了心智的自由。

这两年来,全球范围内越来越多的不可测事件,促使我不断思考这个命题。心智的自由应该植根于对社会的责任。心智的自由不是放任个体的自由,每一个个体都在和他人的关系中生长,个体要对所处的共同体和自然界负责。今天的教育需要引导我们和我们的孩子思考如何用自己所学的知识创造更美好的世界。

诚信、尊重生命、独立的批判性思考、社会责任感、严谨的科学态度与精神不应该缺席。项目化学习对人的成长意义是在做事中学习,在做事中打磨和升华自身的价值判断。项目化学习强调要让我们的学生关注真实的世界,不仅仅是为了让学生深度理解和掌握概念,或者锻炼思维能力,同时也是为了引导学生敬畏自然与生命,理解何为社会责任。

在传统的教学中,大量琐碎的知识和机械重复的学习往往无法让学生理解何为对现实的关怀和天下兴亡、匹夫有责的情怀,只抓住细节的点点滴滴不能让学生有大的图景,看到不同的细节和事件背后的相互关联,形成牵一发而动全身的理解。竞争性学习很难让学生体会到共同体的社群价值,理解"我""你""他"作为地球公民之间不可分割的关系。

我们需要怀有对自然、对生命、对科学的敬畏之心。

从"全国项目化学习案例平台"几年来收集到的6000多份国内项目化学习案例来看，有将近70%的案例是在探讨与自我和日常生活、学科知识有关的话题，而较少在日常现象中体现更为深切的社会关怀主题。我们对国际上经典的项目化学习案例进行分析后发现，这些案例往往带有强烈的社会关怀，指向人类普遍关注的重大社会性、科学性议题，如生态环保、太空探索、文化保护等。有研究者通过对美国和中国的STEM*项目的对比研究也得出了类似的结论。68.75%的美国STEM课程在构建情境时能够结合社会、自然环境等方面的问题或挑战。相比之下，国内能够体现这一评估细则的课程样本仅占38.46%。（闫寒冰 等，2020）

那么，如何在项目化学习中对学生的价值观进行引导？这并不是停留于空洞的口号或说教，而是要让学生对人类面临的真实问题有"切肤之痛"，产生"关联之感"，使学生主动地、持续地卷入项目探索。在大多数疫情主题的项目中，我们很遗憾地看到，很多学校对疫情主题的学习是一次性的，知识的介入是一次性的，完成的成果也是一次性的。比如，做一个口罩，完成消毒剂的制作，根据各地疫情数据绘制曲线图，将疫情作为项目背景。但是我们是否反思过，做这样的项目的目的是什么？为什么要做口罩，对学生的价值在哪里？又如，对垃圾的处理，如果只对垃圾进行简单改造，将废旧报纸做成手拎包，那这些就只是"花边项目"，并未触及价值观的灵魂。在国际上经典的垃圾主题项目中，前端会加上对垃圾来源的考察，链接"我"作为垃圾源，让学生直观地收集一周的垃圾，中期加入对不同类型垃圾的产生原因和处理方式的探索，预测不同类型垃圾的降解时间，后端会让学生生成与垃圾处理相关的经济、商业设计，由此让学生产生"没有任何垃圾是垃圾"的深度理解。这样的项目历程更加上位、开阔和深邃，对学生的价值观引导、情感和思维培育的价值会更大。

一个好的项目不仅需要还原真实世界的本质面貌，更应该具有开阔学生眼界、

---

* STEM 是Science（科学）、Technology（技术）、Engineering（工程）、Mathematics（数学）的缩写。

提升学生格局的立意。项目化学习的中国建构需要有深切的社会关怀，为学生打开面向世界和面向未来的窗口。我们需要抬起头来，仰望星空，从个人扩大到全球、浩渺的宇宙，以人类普遍面临的困境、机遇与挑战为项目契机，塑造自由的灵魂。

二

项目化学习的中国建构要基于理智传统，海纳百川，和而不同

项目化学习的中国建构需要长远而广阔的理智视野。我们需要承认，项目化学习是有其理智传统的，如果不认可、不理解其理智传承中的精髓，实践会变成对历史中走过的弯路的简单重复。项目化学习在西方有着悠久的历史和复杂的来源。最早的一条历史脉络可以追溯至16世纪，以建筑师、画家和雕刻家为代表，他们认为自己的职业与传统的石匠和工匠不同，是有艺术性的，需要科学和艺术的理论知识与长期训练，不仅仅通过口耳相传。所有有志于进入这一行业的学生都要接受"设计的挑战"（design challenges），形成的作品被称为progetti（project），即为今天项目化学习的原型。progetti需要满足五大标准，即今天巴克教育研究所的项目化学习黄金准则的雏形。

（1）挑战性问题，围绕这个问题展开积极的问题解决，而不仅仅是聆听、理解、整合、再现。

（2）真实性，progetti反映艺术家、建筑师的真实期望和工作经历。

（3）为了回应教师提出的真实性问题，学生需要发声和抉择，从而提出解决方案和模型。在此过程中可能产生多种答案。

（4）产生公开的产品。"产品"一词来源于拉丁文"producer"，意思是"to bring forth"，产品是创造力的外在表现，让学习变得可见。

（5）一旦学习变得可见，那么他人将能够参与讨论，给予反馈，参与批评和帮助改善，作者自身也能形成反思。

近代的项目化学习又融入了杜威"做中学"的科学探究原型，以及医学教育中的基于问题的学习（Problem-Based Learning）的特征，强调在真实问题中运用科学思维和方法进行持续探究。这就使得今天主流的项目化学习带有强烈的设计导向和科学探究意味，体现为映射学科或跨学科的核心概念和原理，以项目成果（人工制品）反映领域专家（科学家、数学家、作家、历史学家、工程师等）的实践活动。

项目化学习的中国建构不能脱离这样的理智传统和国际大背景而展开。项目化学习需要基于特定的质量标准，并不是所有的活动、实践都可以称为"项目化学习"。今天，进入到21世纪，在素养的变革浪潮中，国际上诸多国家、地区和创新学校进行了各类学与教的变革，虽然名称不一，但往往具有挑战性问题、真实情境、持续探索、增进反思等要素。这些国际上具有项目化学习要素的课程、教学、评价实践，在本丛书中都有所呈现。这些来自他乡的实践有着多彩斑斓的生态，促使我们思考中国的项目化学习实施之路。

海纳百川，和而不同，是我们进行项目化学习中国建构的原则。

晏婴阐述了中国"和"的思想：

和如羹焉，水火醯醢盐梅以烹鱼肉，燀之以薪。宰夫和之，齐之以味，济其不及，以泄其过。……若以水济水，谁能食之？若琴瑟之专一，谁能听之？同之不可也如是。（《左传·昭公二十年》）

项目化学习的中国建构，不是要发展一个"以水济水"的单一样态，而是尊重现有实践，在各种可能的样态中，用项目化学习的要素，"齐之以味，济其不及，以泄其过"，允许不同样态和阶段的项目成长。在中国广袤的大地上，在中国分学科的情境中，在国家课程、地方课程、校本课程、研究性学习等多样的课程样态中，在德育、劳动教育、艺术教育、科学教育等多样的领域范围内，在学校原有的探究性作业、长周期作业、传统活动中都可以生长、创造出丰富多样的项目化学

习样态。《项目化学习的实施：学习素养视角下的中国建构》这本书提出了活动项目、学科项目、跨学科项目这三种类型及不同学校的实施样态，就是一种指向不同课程类型和功能的尝试。

更进一步说，目前全国或区域推行高质量标准的项目化学习的时机还并不成熟，很多教师对核心知识的把握、学习支架的设计的理解还有待深化。在这种情况下，当下大多数的项目还不是严格意义上的项目化学习，但我们不能否认其中有值得肯定的创新因子。所以，我们还需要逐步探索项目升级的阶梯。在原有的基础上向前一步，向上一步，避免太早用统一的标准和架构来进行规范和约束。在教育中，很难有全新的实践，人的理解和实践都要经历慢慢成熟和迭代的过程。

千江有水千江月，实践是千变万化的。人是多样的，社会是丰富的。就如这次突发的新冠肺炎疫情，催生出了以往比较少见的家庭项目以及线上项目。"和"不意味着大家都是整齐划一的，"和"的基础正在于其差异性和多样性：

夫和实生物，同则不继。以他平他谓之和，故能丰长而物归之。（《国语·郑语》）

三

项目化学习的中国建构需要指向我们的教育短板

我们的教育短板是什么？

在国际比较中，中国学生往往被认为基础扎实，但是在创造性、问题解决方面存在不足，甚至是"短板"。（臧蓥，2012）中国的基础教育被认为更注重知识掌握和知识体系的构建，而对包括创造性在内的21世纪技能关注较少。（傅冰，2005；朱小虎，2016）我们认为，在当下中国的教育情境中，项目化学习的重要使命之一就是要补足中国教育的这块"短板"，通过多种项目形态，让我们的学生拥有真实的问题解决经历，成为积极的行动者，调动已有的知识经验、能力基础，创造性地解决真实情境中的问题。

Guilford（1967）早在50多年前就宣称，创造性是全面意义上的教育关键，也是人类最严重问题的关键。在今天这样一个变动不居的人工智能时代，这一重要性更加凸显。面对错综复杂的不确定的问题，人是否能够创造性地思考，产生尽可能多的新颖方案，因地制宜地筛选适切的方案，成为区别人与人工智能的重要方式之一。创造性思维可以提高许多个人能力，包括元认知、解决问题的能力，促进个人认同和社会参与，提升学业成就和未来职业成就。（Barbot et al.，2017）

项目化学习的中国建构要能引导项目的设计和实施指向让学生更富创造性地解决问题。从2015年接受上海市教委任务，成立学习基础素养项目组开始，我们就展开了这样的探索。在我们对素养的理解中，素养、学习、创造性三者之间具有内在的一致性。

素养有两个要素是必不可缺的：

第一，应用自己的所知完成特定的任务或问题；

第二，有能力在不同的情境间进行迁移。（Chisholm，2005）

对情境的学习力和迁移力是素养的核心。素养在情境中形成、抽象、迁移、转换。素养的形成意味着个体在以往的情境中具有足够的学习力，能在新情境中迅速找到自己想要的资源，建立知识间的联系，对新情境进行判断，最终能解决问题。简而言之，这种在不同情境中创造性解决问题的能力就是"素养"。

"素养"蕴含着对学习、学会学习的新的理解。学习不是指被动、机械地习得现成的知识与技能，也不是指孤立地训练各种认知能力，而是指在情境中获得生长性经验，再迁移并进行创造性运用的过程。学习是带有创造性的。

2019年下半年，我们再次接受上海市教委的委托，根据中共中央、国务院《关于深化教育教学改革全面提高义务教育质量的意见》，研制上海市项目化学习三年行动计划。2020年，上海市教委发布的《上海市义务教育项目化学习三年行动计划（2020—2022年）》中，将"创造性问题解决"作为推进目标，并从这一角度对项目化学习进行了界定：

以校长为核心的教育教学团队，在学校活动领域、学科领域和跨学科领域，设计真实、富有挑战性的问题，引导和指导学生在一段时间内持续探究，尝试创造性地解决问题，形成相关项目成果。项目化学习要把握育人方向，全过程融入爱国主义、社会主义核心价值观、中华优秀传统文化、公民道德等元素，培养学生创造性思维、批判性思维、团队沟通与合作等重要的终身学习能力，促进教与学方式变革和教师专业成长，激发学校办学活力。

在新一轮的行动中，我们认为，每一个学生都有创造性，学生对一件事的重新理解或新想法就是创造。创造力并不是少数人独有的、神秘的、随意的。创造性是可以培养的，可以通过累积领域知识、思维方法，逐步产生富有洞见的新想法等各种方式产生。（Hung，2015）我们的教育应该创造机会让学生能对经验、行动或事件做新颖的、有意义的诠释，有机会解决日常的、复杂的真实问题，发展自己的创造性。（孙崇勇 等，2016）未来的创新型人才、伟大的发明创造都始于这些微小的创造性想象和解释。（Beghetto et al.，2007；林崇德 等，2012）

创造性问题解决很难通过传统的基于讲授的教学方法习得。（Sweller et al.，2011；Geary，2002，2006）关于生物主要能力（biologically primary abilities）的理论对这个问题提供了生物学层面的解释。该理论认为，生物的主要能力，诸如第一语言、社会能力、问题解决和创造性，是在漫长的积累、实践、获得反馈、改进等过程中形成的能力和技能，不可能通过一次短短的演绎式的教学就可以习得。换句话说，生物主要能力的形成是一个"精耕细作"的过程。

而项目化学习为提升学生的创造性问题解决能力提供了新的可能性，Hung（2015）分析了项目化学习指向创造力培养的不同维度，涵盖项目化学习所引发的学生内在需求、问题本身的开放性和新颖性、深入的社会性互动以及通过小步骤的创造性积累的过程。他进而提出，项目化学习不仅充满了各种能够彰显学生创造性的契机，而且还加快了这一"精耕细作"的过程。

从实证研究的数据来看，绝大多数的元分析（Strobel et al.，2009；Walker

et al.，2009）支持项目化学习在知识深度、灵活性、知识持久程度等指标上优于传统的教学方法。有研究者（Sulaiman et al.，2014）的实验研究表明，项目化学习对学生的创造性思维有直接的显著影响。

在新一轮的探索中，我们希望用不同类型的项目带给学生在不同领域、课程中的多样的创造性体验。在活动项目中，引导学生体会日常的、身边的、真实的问题解决过程；在学科项目中，帮助学生形成对知识的新见解，引导学生创造性地用学科知识进行新实践；在跨学科项目中，引导学生关注更具有社会关怀导向的真实而复杂的问题，探索实践不同专业领域的合作地创造性解决问题的方式。

四

"学习素养·项目化学习的中国建构丛书"正是基于上述这些探索而诞生的。

这套丛书将是一个慢慢发展和完善的过程，因为每一个成熟案例的诞生都需要经历实践的迭代。高质量的实践需要时间。

在这套丛书中，有项目化学习的理论构建，有来自国内各先行地区的实践案例，有对国际上项目化学习的样态分析，有基于学校场域的课程结构性的变革，有持续迭代的活动、学科、跨学科项目的经典案例。尽管方向各有不同，样态参差多样，但无一不是躬行实践的结果。

我们希望这套丛书能够给当下国内的项目化学习探索以新的启发，希望用先行者的亲身尝试追根溯源，探索出可行的道路，为我国基础教育课程改革研究和实践提供资源与经验。

本丛书出版过程中得到了编委会的各位前辈和同行的专业引领与支持，与美好的思想和心灵交流是一件很幸福的事，在此一并致以诚挚的谢意！

2020年11月

目录

子项目一：

太空探索的历史

子项目二：

太阳系宜居星球的可行性分析

子项目三：

开创先锋计划

3

着眼未来，关注素养，培养心智自由的学习者

随着人工智能、互联网、大数据等技术的飞速发展，从前缓慢改变的世界正瞬息万变，知识被重新定义，职业变化无穷：特斯拉工厂主要是机器人在工作；银行自动柜员机已经开始替代柜台工作人员；食品机器人一小时可以做360个左右的汉堡……不确定性是这个时代带给我们每一个人最大的冲击。那么，未来的世界需要什么样的新本领？

在经济和社会基础已经发生急剧变化的当下，着眼未来，学校要做些什么呢？

上海市民办协和双语尚音学校（简称"协和尚音"）告诉我们："我知道的是，赶紧行动起来！"

随着时代的快速发展，面向不可预知的未来，协和尚音深深地意识到学生的学习素养和终身学习能力对他们的发展来说至关重要。从2016年起，学校参加上海市学习基础素养项目组的跨学科项目化学习研究，在坚定执行以"中西融合"为主体，为学生提供优秀愉快的双语教育和艺术教育的"一体两翼"发展策略的同时，开始项目化学习的实践，进一步探索培养学生们做事、做人的新路径，让他们更多地与外部世界建立连接，与未来世界建立连接，成为心智自由的学习者。

在上海市学习基础素养项目组的指导下，协和尚音这几年都在积极探索跨学科项目化学习的常态化开展。学校以项目为载体，将学生置身于真实的问题情境中，融合各学科的知识与技能。学生自主探究，和同伴合作，并随着对问题的深入思考，全情投入。在解决问题的过程中，学生提高解决问题的能力、批判性思考的能力、创造性解决问题的能力、沟通表达及团队协作的能力等，而这些正是他们面对未来世界的生存能力、生活能力和工作能力。

让我们聚焦学生的学习基础素养，关注学生的全面发展，让学校教育为学生的未来奠基。

一、学校项目化学习的三个阶段

我们在小学学段以自然学科为基础植入跨学科项目化学习，每周为之安排两个课时。为保证教学推进的完整性，学校要求教务处调整课表，确保两节连排。六年级、七年级以科学为基础植入跨学科项目化学习。跨学科项目化学习突破传统学科之间的界限，以学科大概念为主线，设定跨学科主题，每个年级在每个学年开展三到五个项目。每一个项目都按照项目引入、知识奠基、阐释主题、探究活动、探究实录和项目总结六个环节循序渐进地进行，每个环节环环相扣。通过这些环节的项目探索，学生得以系统地掌握知识、提升技能、深入理解学科核心概念。

在每个阶段我们基于探究主题，以内容间的相互联系和学习过程的共同特征为依据将美术、语文、英语、历史、地理、道德与法治等学科整合，涵盖知识、技能、领悟各个层面，以此来培养学生的核心素养，拓宽学生的国际视野。同时，基于个性化表达的需要，我们将信息科技学科作为支持学科，梳理该学科的要求和课程标准，为进一步融合课程和扩充课时做准备。

阶段一：我与他人

一年级的学生，其生活范围逐步从家庭扩展到学校、社会，经验不断丰富，社会性逐步发展。为了更好地帮助其适应这种变化，我们设定这个阶段的大主题为"我与他人"。

阶段二：我与世界

这个主题旨在引导学生从生活经验出发，体验探究过程，学习科学方法，发展科学精神，使学生具有初步的创新精神、实践能力、科学和人文素养以及环境意识。我们以学生能接触到的自然事物和现象为主，逐渐增加有关自然事物和现象的变化和规律的相关内容。

"太空探索'家'"项目就处于这个阶段。

从《火星救援》到《地心引力》再到《流浪地球》，我们发现这几年，除了互联网创业的兴起之外，另外一个领域的新闻也频频出现在媒体上，那就是人类太空探索技术的发展。这些新闻包括中国神舟飞船的不断升空、"嫦娥"探月，美国LIGO项目成功探测引力波等。

在很多人欢呼技术取得突破的同时，
也会有很多人质疑，
人类为什么要花那么大代价去探索宇宙

我们希望通过这个项目引导学生更多地思考人类探索宇宙的必要性，进而反观现在的人类社会存在什么问题，以及我们能为这个地球做些什么。

阶段三：我与社会

这个阶段以物质、能量、信息三基源为主线，引导学生体验、感受社会问题，增强社会责任感，养成健康的审美情趣和生活方式。

二、各阶段典型项目

阶段	年级	项目主题	相关教材内容
阶段一：我与他人	一年级	Who am I?	一年级"认识你、我、他"单元内容
		How are you?	二年级"健康生活"单元内容
		Say Ah...（Senses）	一年级"认识物体"单元内容
阶段二：我与世界	二年级	Pull me, push you	二年级"小车的运动"单元内容；三年级"物体的动与静""运动的变化""常见的力：弹力、重力、摩擦力等"单元内容
		Shangyin canteen	二年级"健康生活"单元内容
		Endangered animals	二年级"动植物的生活环境"单元内容；三年级"生物与环境"单元内容

续表

阶段	年级	项目主题	相关教材内容
阶段二：我与世界	三年级	Disasters	四年级"地震与火山"单元内容；五年级"地球表面的形态与变化"单元内容
		Fashion show	二年级"天然材料"单元内容；四年级"人造材料"单元内容
	四年级	Footprint from the past	四年级"食物链"单元内容；五年级"生物的进化"单元内容
		My restaurant	五年级"营养与消化"单元内容
	四年级七年级	Space	四年级"望远镜里的天空"单元内容；五年级"太阳系与宇宙探索"单元内容
阶段三：我与社会	五年级	Plants	三年级"植物的根、茎、叶""植物的花、果实、种子"单元内容；五年级"生物世界"单元内容
		Cost	五年级道德与法治相关内容
		Human body & COVID-19	五年级"感知外部世界""身体的律动"单元内容
	六年级	Water	六年级"水与人类"单元内容
		Energy	六年级"能与能源"单元内容
	七年级	Mosquitoes	六年级"地图""生物分类"单元内容；七年级"溶液"单元内容；八年级"动物""生态"等单元内容
		Oil	七年级"材料""海洋"单元内容

三、项目历程

　　基于以上框架，我们便着手每一个项目的孵化。每一个项目从产生到落地实施，历经的过程大致如下。

1. 项目萌发

　　协和尚音项目化学习中的每个项目都是基于参考学科——小学自然和初中科学

的教学大纲而设置的。我们对教材主题进行梳理，依据三个阶段的大主题将相关性较强的单元做了初步合并。2019年，我们尝试从道德与法治入手并实践了一个项目。前一个学期期末，我们利用工具"问题单"来搜集学生的问题，之后进行问题的规整，以确定下一个学期的项目主题及探究方向。从真实的问题入手，来提出驱动性问题。开学后的第一堂课，我们通常会让学生做"知识奠基"环节，以此来了解他们的"已知"，梳理项目开展的子问题，初步形成一个项目雏形。

2. 项目研讨

当项目雏形形成后，各年级的PBL*授课团队会在周会上与整个PBL大团队进行讨论。通过这一环节，吸取更多的灵感和建议。之后，各年级的PBL授课团队进行精细化的讨论，逐步确定子问题，确保在符合学生认知规律的情况下引导学生解决问题。

3. 工具开发

一个项目的开展离不开精心准备的工具。常规化的工具包括**会议工具、资料共享工具、资料搜索工具、行政管理工具、学生学习工具、评价工具、课堂管理工具、布展工具**等。在项目经过充分研讨后，项目团队教师会在我们已有的工具体系下进行编辑、修改和完善，形成适合本项目的课堂计划、课堂讲义、任务评价表、学生课堂所需的工具和材料、教师所需要的工具和材料。这些工具为课堂的顺利进行提供了可能和支持。

4. 课堂落地

在之前的各个环节都顺利完成后，将由外籍教师及国内教师引领课堂中的学生

---

* PBL，Project-Based Learning的缩写，意为项目化学习。

完成项目。在课堂上，教师是课堂气氛的烘托者、学生疑惑的点拨者、学生思考的引导者，学生才是整堂课的主体。特别需要指出的是，我们的每一个项目几乎都会随着课堂中学生的反应进行即时调整。学生的阶段性学习生成也会影响或改变我们原定的子问题的内容及走向。

5. 项目修正

课程的实施并不是终点，而是某种意义上的起点。

通过对学生的课堂反应和吸收情况进行观察、对学生的课后任务完成情况进行评估，我们的项目团队会总结之前项目萌发、项目研讨、工具开发、课堂落地等一系列环节中存在的问题。在之后的项目实践中及时做出调整，并且为下一次同一类型项目的开展提供经验。

这五个环节是每个项目的必经之路，其中每个环节的参与者并不只有一位教师，而是一个团队。因此，在经过团队的反复打磨之后，我们会呈现一个更成熟的项目。

我校从实践跨学科项目化学习至今，主张各学科互相渗透、互相融合、优化组合，通过基于真实问题情境的探究性主题活动，使学生习得经验，形成发现与解决问题的倾向性。以跨学科整合为核心理念，结合具体情境加以选择，项目建构过程重点关注主题选择、目标制定、知识建构、教学评一体化设计等。

当然，我们还有很长的路要走。比如：

- 敢于实践的教师队伍有待扩大，教师的素养有待提升，课程整合能力有待提高；
- 跨学科课程整合支持系统有待强化；
- 学科大概念的提取有待精细化、准确化，以实现真正的跨学科融合；
- 学习共同体、学习社区的建设亟待完善。

面向未来，我们将继续努力，让课堂更多、更深刻地发生改变。

项目描述：
太空探索"家"

一、总体描述

探测火星！ 太空旅行！

这是全人类的梦想和激情所在。

- 或许有一天我们将移居火星？
- 只能移居火星吗？
- 人类能够前往的下一个星球是哪一颗？
- 适合人类居住的又会是哪一颗星球呢？

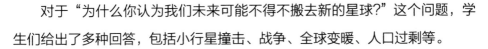

对于"为什么你认为我们未来可能不得不搬去新的星球？"这个问题，学生们给出了多种回答，包括小行星撞击、战争、全球变暖、人口过剩等。

在确定了人类只有在某些情况下可以尝试"拯救"地球后，学生意识到有些事情可能像小行星撞击地球一样是我们无法控制的。他们对这个话题有着太多太多兴趣盎然的点和探索欲望。于是，我们开启了整个项目，和学生一起思考更多可能，通过项目探索让学生离梦想更近。我们提出驱动性问题，并基于学生提出的问题抛出了如下问题链，并以这个问题链为引导进行系列设计，引导学生逐步深入地思考和探究。

我们的学习从了解学生"已知"开始。"人类是如何探索太空的?"，就此学生对太空探索的历史进行了研究，并制作了人类探索太空的时间轴。在整个过程中，学生们意识到，我们需要通过学习过去来积累新的知识。完成知识的梳理和积累后，他们仍想知道："我们会去向何方?"学生们意识到也许我们应该看看太阳系中的其他行星。

这时，我们向学生抛出如下问题：

太阳系有八颗行星，为什么人类居住在地球上呢

地球具备了哪些条件才使其适宜人类居住的呢?

于是我们就有了接下来的任务——地球宜居条件泡泡图。

在充分分析了地球宜居的条件后，我们进行了太阳系宜居星球可行性分析。我们将八大行星资料卡的相关数据和地球的宜居性数据进行比对，并最终选择出相对而言最为适宜移居的行星。

在学生做出了最终的判断后，我们继续提出问题：

每个行星的不宜居条件有哪些

这也为我们后面的子项目做出了铺垫。

经过八大行星资料卡和地球宜居条件泡泡图数据比对，如果小组成员觉得有适合人类移居的星球，那么他们就对这颗星球进行宜居性分析并找出存在的问题。基于此，他们进一步探寻：

需要什么人以及什么资源来解决这些问题

如果小组成员觉得没有任何一颗星球适合人类移居，他们可以选择一颗行星进行改造。学生甚至可以做一个梦想家，创造一个适合人类移居的星球，为它命名并阐述其产生的过程和基本样态。

在每个小组完成了任务选择后进行"画廊漫步"。每个小组张贴自己的任务海报，并欣赏其他组的任务海报。如果喜欢对方的任务并愿意为他们团队作出贡献就可在海报上签名，也可在海报上写下对这个团队的改进建议。

与此同时，如果在其他组看到能够使自己组的计划更加完善的内容，可以带回自己组来进行补充。每个组都从其他小组收获一些想法，并给出建议。（当然，进行这一活动时，可能会有小组出现队员流动的现象，老师可作为补充队员进行干预。）

人员确定后的下一个问题便是：

现在我们已经知道了去哪里、和谁去，那我们如何成功前往并安全着陆呢

为了解决这个问题，我们设计了两个活动。我们将学生带入工程师的角色，然后按照科技小制作的一般过程"分析任务，明确问题—头脑风暴，设计方案—制作模型—模型试验及调整—成型及评估"来开展。学生们明确他们需要解决的问题是什么，然后对解决该问题的方案进行初步设计，基于原始方案进行测试，看看该方案是否能有效解决问题，并对该方案的成效进行评估，最后基于成效评估改进方案，一直到问题得到有效解决。

学生们利用他们在太空探索时间轴上所做的研究来了解有关人类探索火星的更多信息。他们发现已有一些"机器人"被送往太空，但并不是所有的登陆都获得了成功。他们认为登陆正是此项任务的关键所在，也是比较危险的部分。于是，学生设计、建造并测试了自己的着陆器，在缓冲、减震上下了很多功夫。该项目的最后

也是最繁杂的一项任务是设计基地。

学生们必须对行星进行广泛研究，从而确定在哪里可以找到水，了解不同季节、不同时间的温度情况以及其他因素，学生们认为这些因素对人的生存以及生活很重要。

学生们明白只能将少量材料同他们的团队一起发往太空，因此他们必须打造一个能够自给自足的基地，而要实现这一目标，他们就要设计温室，思考水资源的循环利用等问题。

学生们也学习了建筑师绘制房屋平面图的方法，并利用这些方法进行相关思考和设计。至此，学生们基本能够较为完整地回答刚开始提出的驱动性问题，我们的项目也基本进入尾声。

子项目一：太空探索的历史

在这个子项目中，学生通过绘制太空探索时间轴的方式进行知识的学习、理解、应用和测试。学生以小组为单位，分工完成不同时段的历史时间的筛选，最终每个小组完成重大历史事件时间轴。项目化学习强调由高阶思维带动低阶思维，也强调学生的声音和选择。为了完成任务，学生需要学习并了解人类探索太空的重大事件。与此同时，因为能放在时间轴上的事件数量有限，学生需要思考每个事件的意义，从而做出重要性的评估并据此进行筛选，最后说服组员接受这种筛选结果，这个任务的高阶思维就体现在这里。

在这个子项目中，我们将科学、语文和艺术学科融合在了一起。

既然人类能去往太空，那么是否存在除地球外的适宜人类居住的一颗星球呢？我们在子项目二中继续探究。项目化学习非常注重情境的创设和学生兴趣的激发。我们设计了太阳系八大行星的角色扮演。学生寻找足够数量的小伙伴，依据他们了解的各个行星的特征进行装扮，然后依据他们了解的八颗行星和太阳之间的位置关系进行排队。在这里，我们将枯燥的信息转变为真实的情境，引导学生在各个行星的相互位置和运动中，建构起对行星特征及相互关系的深度理解，并通过游戏是否通关这样的结果来对自己的学习进行检验，为下一阶段的学习奠定基础。

子项目二：
太阳系宜居星球
的可行性分析

游戏结束后，学生们接受一项新的任务——作为开创先锋，对八大行星进行探索及评估，从而形成关于太阳系宜居星球的可行性分析。对八大行星进行基本情况的信息梳理本来是很枯燥的学习内容，但是我们将其包裹在一个任务中，使学生们进行更为高阶的思考和知识的学习及应用。完成数据比对后，每个小组做出了自己的选择。

各小组根据自己的选择共同讨论并完成行星的优化、改造或宜居星球的创建。

子项目三：
开创先锋计划

对太阳系宜居星球的可行性进行分析后，学生沿袭开创先锋的身份，为自己的团队选取同行人员。他们必须思考在一个新的星球怎样才能活下来，为了活下来需要哪些人及资源。有了自己的思考之后，他们以"画廊漫步"的方式获取更多的信息，从而迭代自己的思考。在这个子项目中，我们融合了语文、品德与社会学科。

组建好团队之后，我们进一步思考"如何确保团队成员成功前往并安全着陆呢？"。

为了解决这个问题，我们植入了两个任务。我们将学生带入工程师的角色，然后按照科技小制作的过程来开展。学生们明确他们需要解决的问题是什么，然后对解决该问题的方案进行初步设计，基于原始方案进行测试，检测该方案是否能有效解决问题，并对该方案的成效进行评估，最后基于成效评估改进方案，一直到问题最终得到有效解决。在这个子项目中，我们融合了科学、艺术学科。

**子项目四：
设计小火箭和
着陆器**

**子项目五：
宜居新家园**

在安全抵达宜居星球后，学生便开始规划宜居新家园。在子项目五中，学生们对人与环境之间的关系进行思考，对空间的合理布局进行规划。每个小组根据方案选择两个区域设计区域平面图，根据平面图选择合适的材料建造新家园。在这个子项目中，我们融合了科学、数学、艺术学科。

二、适用年级

3—6年级。

建议：3、4年级根据具体学情选择部分项目进行实施，5、6年级可以选择全部项目进行实施。

三、所需课时

15课时。

35—40分钟/课时，建议两课时连上，总课时可根据学生的学情灵活调整。

四、适用情境

1. 可以作为以项目化学习的方式来实施的课程；可以配合基于课程标准的科学课、语文课、数学课等使用；可以作为毕业季课程。

2. 可以集中在3—4天开展（公办学校可以在期中考试后集中开展）；可以每周用半天的时间开展。

五、课程标准指引

1. 义务教育小学科学课程标准（2011年版）

学段	模块	内容**	达成度*
第二学段 （3—4年级）	技术与工程	S1. 知道工程设计的基本步骤包括明确问题、确定方案、设计制作、改进完善等	★★★
		S2. 针对一个具体的任务，按照设计的基本步骤来设计一个产品或完成指定的任务	★★★
		S3. 对自己或他人设计的想法、草图、模型等提出改进建议，并说明理由	★★
	地球与宇宙科学	S4. 知道太阳、地球、月球的运动特征	★★★
		S5. 初步认识大自然为人类生存提供了各种资源和能源	★★★
	提出问题	S6. 能从具体现象与事物的观察、比较中提出可探究的科学问题	★★

---

* 在达成度中，3颗星表示该课标内容在此项目中需要学生深度理解、灵活应用；2颗星表示该课标内容在此项目中需要学生基本了解、简单运用；1颗星表示该课标内容在此项目中学生只需初步了解。

** 在各项内容中，S代表科学（Science）；C代表语文（Chinese）；M代表数学（Math）；A代表艺术（Arts）；M&S代表品德与社会（Morality and Society）；IT代表信息技术（Information Technology）。

续表

学段	模块	内容	达成度
第三学段（5—6年级）	地球与宇宙科学	S7. 知道地球是一个球体，是太阳系中的一颗星球	☆☆☆
		S8. 了解八大行星和小行星带	☆☆☆
		S9. 了解人类探索太空的历程和月球及行星探测的进展	☆☆☆
		S10. 关注我国航天事业的成就	☆☆☆
		S11. 描述地球的形状和大小	☆☆☆
		S12. 知道太阳系的组成	☆☆☆
	技术与工程	S13. 知道设计包括一系列步骤，完成一项工程设计需要分工与合作，需要考虑很多因素	☆☆☆
		S14. 简单评估完成一个产品或系统的可行性，预想使用效果	☆☆
		S15. 了解科学技术推动着人类社会的发展和文明进程	☆☆☆
	物质科学	S16. 知道地球不需要接触物体就可以对物体施加引力（万有引力）	☆☆☆
	制订计划	S17. 能基于所学的知识，制订比较完整的探究计划	☆☆☆
	搜集证据	S18. 能基于所学的知识，通过观察、实验、查阅资料、调查、案例分析等方式获取信息	☆☆☆

续表

学段	模块	内容	达成度
第三学段 （5—6年级）	处理信息	S19. 能基于所学的知识，用科学语言、概念图、统计图表等方式记录、整理信息，表述探究结果	☆☆☆
	表达交流	S20. 能基于所学的知识，采用不同的表述方式呈现探究的过程与结论	☆
		S21. 能基于证据质疑并评价别人的探究报告	☆☆
	反思评价	S22. 能对探究活动进行过程性反思，及时调整，并对探究活动进行总结性评价	☆☆

2. 义务教育语文课程标准（2011年版）

学段	目标	内容	达成度
第二学段 （3—4年级）	口语交际	C1. 能清楚明白地讲述见闻，说出自己的感受和想法，讲述力求具体生动	☆☆☆
第三学段 （5—6年级）	阅读	C2. 阅读说明性文章，能抓住要点，了解文章的基本说明方法	☆☆☆
		C3. 阅读简单的非连续性文本，能从图文等组合材料中找出有价值的信息	☆☆☆
	综合性学习	C4. 为解决与学习和生活相关的问题，利用图书馆、网络等信息渠道获取资料，尝试写简单的研究报告	☆☆☆
		C5. 对自己身边的、大家共同关注的问题，或电视、电影中的故事和形象，组织讨论、专题演讲，学习辨别是非、善恶、美丑	☆☆☆

3. 义务教育数学课程标准（2011年版）

学段	目标	内容	达成度
第一学段 （1—3年级）	知识技能	M1. 经历从日常生活中抽象出数的过程，理解万以内数的意义	☆☆
		M2. 在具体情境中，能选择适当的单位进行简单的估算	☆☆
第二学段 （4—6年级）	知识技能	M3. 探索一些图形的形状、大小和位置关系，了解一些几何体和平面图形的基本特征	☆☆
		M4. 掌握初步的测量、识图和画图的技能	☆☆☆
		M5. 在实际情境中理解比例及按照比例分配的含义，并能解决简单的问题	☆☆☆
		M6. 会根据正比例关系在方格纸上画图	☆☆☆
	数学思考	M7. 初步形成数感和空间观念，感受符号和几何直观的作用	☆☆☆

4. 义务教育艺术课程标准（2011年版）

学段	目标	内容	达成度
第二学段 （3—6年级）	创造与表现	A1. 在感受与体验科学发现的微观世界和宏观世界中的美的基础上，尝试艺术创造与科技手段的结合，有意识地对所学、所知的自然环境和生命中的内容进行创造与表现	☆☆
	反思与评价	A2. 能联系自己对生活的感知与体验、创造与表现，简单描述、评论自己和他人的作品	☆☆

续表

学段	目标	内容	达成度
第三学段 （7—9年级）	创造与表现	A3. 具有运用生活素材以及艺术要素及表现手段进行创作活动的能力	☆☆
	反思与评价	A4. 能够对自己所创作的表现生活内容或自然景象的作品进行展示和评价	☆☆

5. 义务教育品德与社会课程标准（2011年版）

学段	目标	内容	达成度
（3—6年级）	情感、态度、价值观	M&S1. 具有关爱自然的情感，逐步形成保护生态环境的意识	☆☆☆
	知识	M&S2. 初步理解人与自然、环境的相互依存关系，了解人类共同面临的全球环境恶化等问题	☆☆☆

6. 中小学信息技术课程标准（2018年版）

学段	模块	内容	达成度
（3—6年级）	信息技术简介	IT1. 了解承载信息的几种媒体；了解计算机在学习、生活中的应用	☆☆☆
	网络的简单应用	IT2. 学会使用浏览器浏览信息、下载并保存有用信息	☆☆☆
	用计算机制作多媒体作品	IT3. 学会使用一种常用的多媒体制作工具制作、编辑简单的多媒体作品	☆☆☆
		IT4. 学会展示多媒体作品	☆☆☆

六、教材内容链接*

1. 部编版教材

学科	年级	学期	单元	内容
语文	三年级	第二学期	第四单元	《习作：我做了一项小实验》
	三年级	第二学期	第七单元	《口语交际：劝告》

2. 科教版教材**

学科	年级	学期	单元	内容
自然	三年级	第一学期	第六单元	《运动》
		第二学期	第一单元	《常见的力》
	四年级	第一学期	第二单元	《自然界中的水》
			第三单元	《地球的自转与公转》
		第二学期	第一单元	《望远镜里的天空》
	五年级	第一学期	第五单元	《我们周围的大气》第一部分"空气的成分"
			第八单元	《太阳系与宇宙探索》

3. 沪教版教材***

学科	年级	学期	单元	内容
数学	四年级	第一学期	第六单元	《数学广场——通过网格来估测》

---

* 项目化学习鼓励教师基于标准开展教学，要进行国家课程的校本化实施，此项目列出了以下三个学科的教材样例，但不仅限于这三个学科，教师可以根据具体学情选择合适的教材进行教学。
** 上海科技教育出版社出版的教材，简称"科教版教材"。
*** 上海教育出版社出版的教材，简称"沪教版教材"。

知识奠基*

一、我的书架

让我们一起阅读有关太空的4本书，并完成阅读记录表和阅读任务单。

现在，快去挑选你想加入书架的4本书吧！

阅读参考书目：

（一）中文类

1.《果壳中的宇宙》，史蒂芬·霍金，湖南科技出版社

2.《星际穿越》，基普·索恩，浙江人民出版社

3.《暗淡蓝点：探寻人类的太空家园》，卡尔·萨根，人民邮电出版社

4.《火星人百科全书》，格温德林·雷松，人民文学出版社

5.《权威探秘百科：太空探秘》，艾伦·戴尔，晨光出版社

6.《太空》，彼得·邦德，未来出版社

7.《尤斯伯恩看里面　揭秘宇宙》，英国尤斯伯恩出版公司，接力出版社

8.《DK儿童太空百科全书》，美国DK公司，中国大百科全书出版社

9.《美国国家地理：认识我们的宇宙：行星、恒星、星系》，戴维·A. 阿吉拉，

---

*　知识奠基一般在项目开始前进行，目的是让学生能够更好、更快速地进入项目，以及对项目内容有初步了解。

安徽少年儿童出版社

10.《美国国家地理：13颗行星：太阳系的新秩序》，戴维·A. 阿吉拉，安徽少年儿童出版社

11.《美国国家地理：恒星真奇妙》，戴维·A. 阿吉拉，安徽少年儿童出版社

12.《太空日记》，景海鹏、陈冬等，四川科学技术出版社

13.《揭秘太空》，克里斯·奥克雷德、阿妮塔·盖恩瑞，未来出版社

14.《火星零距离》，郑永春，浙江教育出版社

15.《太空地图：火星叔叔带你游太空》，郑永春，化学工业出版社

16.《我在太空的一年：NASA宇航员亲历太空的340天》，斯科特·凯利、玛格丽特·拉扎勒斯·迪安，中信出版社

（二）英文类

1.《Discovering Mars: The Amazing Story of the Red Planet》，Melvin Berger、Mary Kay Carson，Scholastic Paperbacks

2.《Look Inside Space》，Rob Lloyd Jones,Usborne Publishing Ltd

3.《First Encyclopedia of Space》，Paul Dowsell,Usborne Publishing Ltd

4.《Big Book of Stars and Planets》，Emily Bone,Usborne Publishing Ltd

5.《Space Explorers》，Goldsworthy、Steve，Weigl Publishers

6.《A Journey Through: Space》，Steve Parker、John Haslam，QEB Publishing

7.《Engineer Academy: Space》，Rob Colson、Eric Smith，Silver Dolphin Books

8.《Space》，Steffi Clavell-Clarke，Booklife

在阅读之前，
你对太空有哪些疑问呢

学生工具1：阅读记录表

★ 我的阅读记录表 🪐

书名

星级

页数

书名：＿＿＿＿＿＿＿＿＿＿

☆ ☆ ☆ ☆ ☆

小　说 ＿＿＿＿＿＿＿＿

作者：＿＿＿＿＿＿＿＿＿＿

非小说 ＿＿＿＿＿＿＿＿

书名

星级

页数

书名：＿＿＿＿＿＿＿＿＿＿

☆ ☆ ☆ ☆ ☆

小　说 ＿＿＿＿＿＿＿＿

作者：＿＿＿＿＿＿＿＿＿＿

非小说 ＿＿＿＿＿＿＿＿

书名

星级

页数

书名：＿＿＿＿＿＿＿＿＿＿

☆ ☆ ☆ ☆ ☆

小　说 ＿＿＿＿＿＿＿＿

作者：＿＿＿＿＿＿＿＿＿＿

非小说 ＿＿＿＿＿＿＿＿

书名

星级

页数

书名：＿＿＿＿＿＿＿＿＿＿

☆ ☆ ☆ ☆ ☆

小　说 ＿＿＿＿＿＿＿＿

作者：＿＿＿＿＿＿＿＿＿＿

非小说 ＿＿＿＿＿＿＿＿

阅读时长记录表

每阅读完一章

给其中的一个图案涂上颜色

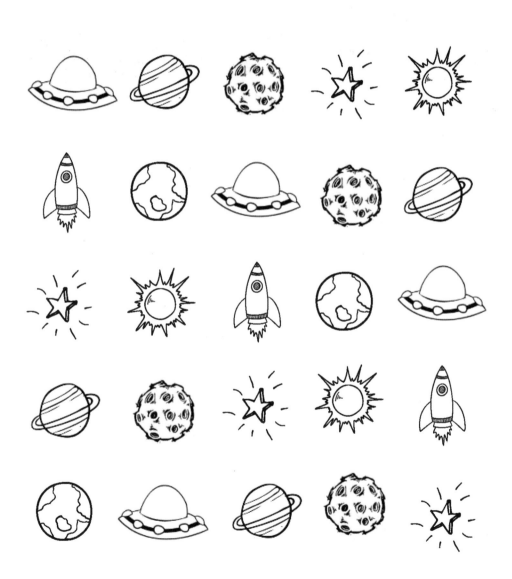

学生工具2：阅读任务单

★ 阅读任务单 🪐

阅读完有关太空的4本书后，请你来答一答、填一填

1. 对于你的书架中的4本书，你最喜欢哪一本书？请说明理由。

_____

_____

_____

_____

_____

_____

2. 根据你最喜欢的书里的内容，完成下面的"井"字游戏。请填写三个格子使它们穿过中心点且连成一条线，快来填一填吧！

预测	有趣的事实	问题
根据书名，我猜这本书的内容是关于：	我在阅读的过程中，发现了两个有趣的事实： 1. 2.	读完这本书后，我还想了解的问题是：
主旨	观点	我学到了
这本书的主旨是？	读完这本书后，我认为这本书的观点是：	读完这本书后，我学到了： 1. 2.
细节	联系	摘要
我认为这本书的主要章节是：_____，理由是：	我发现这本书中的内容和我的生活/其他书中的内容/周围的世界有以下的联系：	我发现这本书讲的是（答案请包含人物、时间、地点、事件、中心思想）：

3. 读完这些书后，你是否已经解决了阅读前的疑问？你对太空还有什么新的疑问吗？

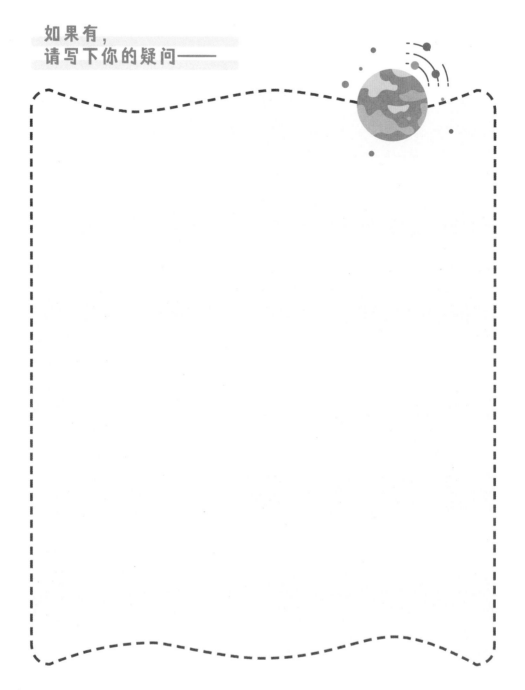

如果有，
请写下你的疑问——

二、我的博物馆

历经23天，嫦娥五号闯过地月转移、近月制动、环月飞行、月面着陆、自动采样、月面起飞、月轨交会对接、再入返回等多个难关，于2020年12月17日凌晨成功携带月球样品返回地球。探月工程总指挥、国家航天局局长张克俭宣布："探月工程嫦娥五号任务取得圆满成功！"习近平总书记致电祝贺："嫦娥五号任务作为我国复杂度最高、技术跨度最大的航天系统工程，首次实现了我国地外天体采样返回。这是发挥新型举国体制优势攻坚克难取得的又一重大成就，标志着中国航天向前迈出的一大步，将为深化人类对月球成因和太阳系演化历史的科学认知作出贡献。"

让我们一起走进天文博物馆或者航天科技馆来感受太空的魅力吧！记得还要完成任务单哦！

（以上图片为学生手工作品，星球比例不是严格意义上的科学比例。）

学生工具3：博物馆任务单

请根据提示，完成下面的任务单

出发前

关于太阳系我**已**了解什么？

关于太阳系我**想**了解什么？

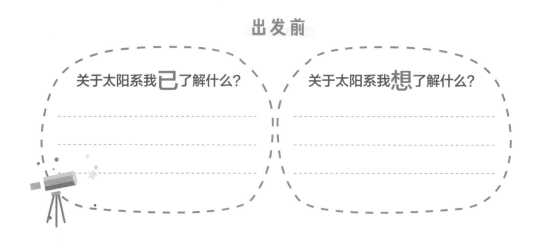

到达后

1. 请找到太阳系的区域，认真参观并将八大行星的名字和特点填写在相应位置。

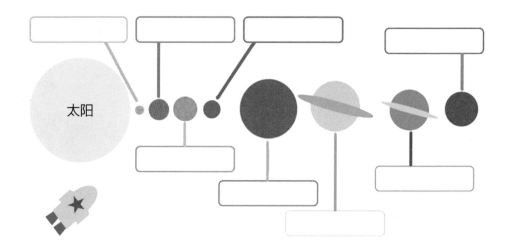

2. 请在参观时，选出5件你认为对人类探索太空最有意义的事，说明选择的理由，并按时间顺序进行排列。

时间	事件	选择的理由

参观后

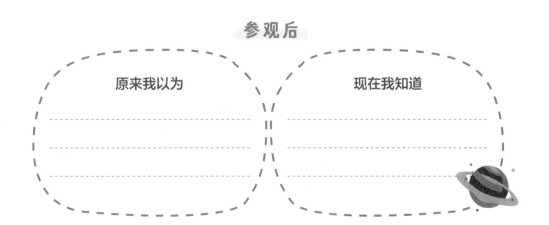

原来我以为

现在我知道

29

驱动性问题

又是一堂学生们最喜欢的阅读分享课。

"我们这次的主题是宇宙。大家先介绍读过的相关题材的书，再谈谈你的思考和对未来的遐想。我们先组内分享，然后每个组选一名同学在全班进行交流。"

老师的话音刚落，学生们便热火朝天地讨论起来。有的为读过同一本书并对"宇宙的未来会怎样"达成共识而击掌言欢，有的为了不同观点而争论不休。

"我读了《果壳中的宇宙》，它是一本图文并茂的科普著作，我每天都希望自己能够穿越云层，飞到遥远的星河，探索神秘的太空。我也很好奇，宇宙之大，是否有另一个星球适合人类居住呢？"

正当学生们讨论得起劲时，猛听得一阵嘈杂的电流声，投影屏幕也变成了雪花点，随即，传来一阵电音："亲爱的小伙伴们，很遗憾地通知你们，地球的2019年度不可再生资源额度已用完。自7月29日起，您所居的地球将进入本年度欠费状态。"

过了一会儿，电流声再次响起。"日前，国际环保组织'全球足迹网络'指出，人类于7月29日已将2019年地球所有自然资源配额消耗一空。"

教室里瞬间安静了下来！惊愕的表情挂在每个人的脸上。大家纷纷站了起来。

人口快速增长，地球资源紧缺，环境污染问题日趋严重。在未来的某一天，当地球已经不再适宜人类生存，你作为星际探索的先锋，将如何在太阳系中探索最适宜人类居住的新家园呢？

让我们一起跨越时光，遨游太空，超越梦想吧！

二、学生问题链

亲爱的同学们:

我们就要开始整个项目了,你一定对我们即将要探索的内容感到兴奋吧!现在,就让我们一起思考,并列出自己的探究计划和问题,同时记录在下面的问题链中。完成左侧自己的问题链之后,请和小组分享,讨论并形成小组的问题链。最终,我们将在班级内交流,形成班级统一的问题链。

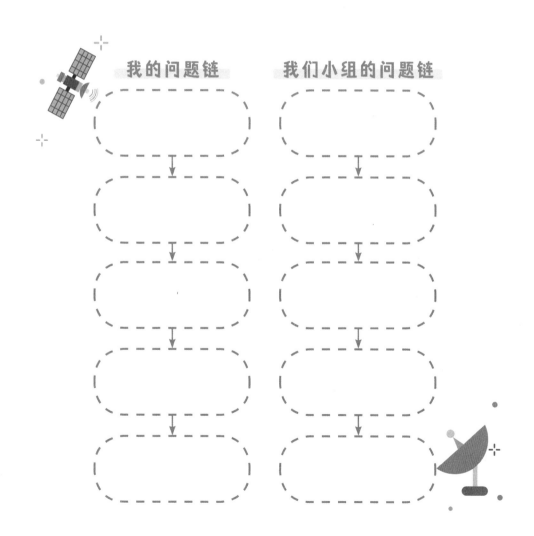

三、项目问题链和项目成果*

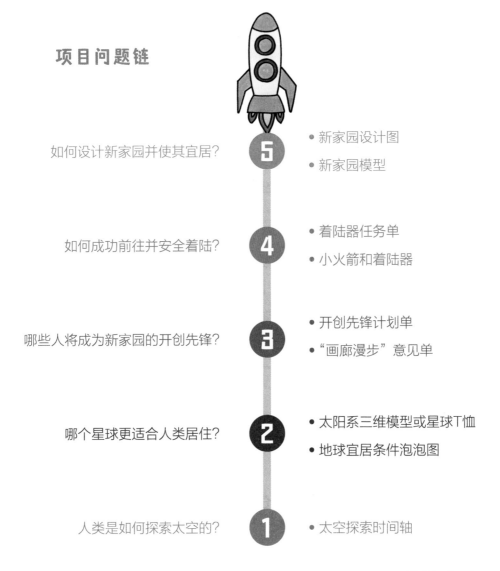

项目问题链

如何设计新家园并使其宜居？	**5**	• 新家园设计图 • 新家园模型
如何成功前往并安全着陆？	**4**	• 着陆器任务单 • 小火箭和着陆器
哪些人将成为新家园的开创先锋？	**3**	• 开创先锋计划单 • "画廊漫步"意见单
哪个星球更适合人类居住？	**2**	• 太阳系三维模型或星球T恤 • 地球宜居条件泡泡图
人类是如何探索太空的？	**1**	• 太空探索时间轴

项目成果

---

* 这里的项目问题链和项目成果是经过多次讨论和实施后确定的较好的问题链和成果，教师在实际教学中可参考或再修改。

1. 此项目周期较长，可以将驱动性问题分成5个子项目，从而形成问题链来引导学生的探索和学习。

<table>
<tr><td rowspan="5">项
目
问
题
链</td><td>• 子项目一：太空探索的历史——人类是如何探索太空的？</td></tr>
</table>

> **项目问题链**
>
> • 子项目一：太空探索的历史——人类是如何探索太空的？
> • 子项目二：太阳系宜居星球的可行性分析——哪个星球更适合人类居住？
> • 子项目三：开创先锋计划——哪些人将成为新家园的开创先锋？
> • 子项目四：设计小火箭和着陆器——如何成功前往并安全着陆？
> • 子项目五：宜居新家园——如何设计新家园并使其宜居？

2. 项目化学习成果需要同时包含面向个体和小组的学习成果。

	个人成果	小组成果
项目一	阶段性太空探索时间轴 探索太空的意义和原因	太空探索时间轴
项目二	选择制作一个或几个三维模型 或者制作自己扮演星球的服装 道具	太阳系三维模型或星球角色扮演 宜居条件泡泡图
项目三	"画廊漫步"意见单	比对数据 改造计划
项目四	/	科技小制作任务书 小火箭和着陆器
项目五	新家园设计图	小组区域规划表 新家园模型

子项目一：
太空探索的历史

人类是如何探索太空的？

👦 年级：3—6年级

🕐 课时：2个课时

一、学习目标

知识目标

S9. 了解人类探索太空的历程和月球及行星探测的进展。

S10. 关注我国航天事业的成就。

S15. 了解科学技术推动着人类社会的发展和文明进程。

技能目标

S6. 能从具体现象与事物的观察、比较中提出可探究的科学问题。

S18. 能基于所学的知识，通过观察、实验、查阅资料、调查、案例分析等方式获取信息。

S19. 能基于所学的知识，用科学语言、概念图、统计图表等方式记录、整理信息，表述探究结果。

C1. 能清楚明白地讲述见闻，说出自己的感受和想法，讲述力求具体生动。

C4. 为解决与学习和生活相关的问题,利用图书馆、网络等信息渠道获取资料,尝试写简单的研究报告。

A1. 在感受与体验科学发现的微观世界和宏观世界中的美的基础上,尝试艺术创造与科技手段的结合,有意识地对所学、所知的自然环境和生命中的内容进行创造与表现。

A2. 能联系自己对生活的感知与体验、创造与表现,简单描述、评论自己和他人的作品。

二、学习工具

1. 学生任务单:太空探索时间轴。
2. 彩色纸和彩色笔。

三、学习过程

引入

每位同学都将挑选15件自己认为对人类探索太空有重大意义的事件。而纵观全球太空探索的历程,有很多有重大意义的事件。这时,我们可能需要借助时间轴来系统地、完整地记录整个探索足迹和重要事件。同时,我们也要了解:

1. 为什么要选择这15个事件?
2. 它们的意义是什么?
3. 其中哪一件最能体现科技进步对人类探索太空的推动作用?
4. 选取其中的某一件事,陈述它和前面几件事相比有进步的地方。

实践1

1. 教师利用人工智能翻译技术的历史时间轴，介绍时间轴工具，并让学生完成"太空探索时间轴"任务单中的第1题（见p41）。

2. 全班讨论，时间轴上应该包含什么？为什么要放入这些因素？（让学生了解时间轴上并不需要包含很多的因素，而是包含几个重要的因素）

3. 全班讨论，如果绘制人类探索太空的时间轴，那么需要包含哪些因素。

4. 小组完成"太空探索时间轴"任务单中的2、3（见p41），并分组完成时间轴，注意信息的准确性。

5. 根据自己小组完成的太空探索时间轴，分析时间轴上的不同的时期或不同的事件中，人类探索太空的目的和意义是什么？小组讨论列出人类探索太空的意义，并标记在时间轴上的相应位置。

实践2

整合小组成员的时间轴，完成海报，并在全班进行分享。

四、学习成果

太空探索时间轴。

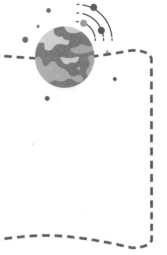

五、学习评价

时间轴核查表

维度	如果符合，请打√
我的时间轴有15个人类探索太空历程中的重大事件，且包含日期和国家	☐
我的时间轴上的日期是有序的	☐
我的时间轴上的信息是正确的	☐
时间轴的事件能够体现人类在太空探索中的进展	☐
时间轴的事件能够体现科学技术帮助人们认识世界，科学技术的成果是一代又一代人努力的结果	☐
时间轴的事件能够激发人们对天文学的兴趣	☐
老师能够看懂我的时间轴	☐
老师可以看到我的努力	☐
我添加了一些额外的信息	☐
我的时间轴具有创造性	☐
我按时制作完成了时间轴	☐

时间轴展示核查表

维度	如果符合，请打√
小组展示顺序有逻辑、内容有趣、观众能够听懂	☐
所有成员都提供了帮助	☐
展示极具创意	☐
学生在展示时，讲述了他们是如何解决之前的困难的	☐
学生与观众保持眼神交流，能够脱稿；学生声音洪亮，用词准确，所有听众都能听清且听懂	☐

学生工具4：太空探索时间轴

★ 太空探索时间轴

　　亲爱的同学们，我们将观看一段视频*，在观看视频之后，请同学们补充所缺信息，"时间"一栏至少精确到月份。接下来每个人将会收到一张视频任务单（见下页），任务单在"时间"和"事件"部分都有所空缺，大家在观看视频的时候注意捕捉信息并进行记录。

---

* 视频可参考《人类太空探索之路（中国篇）》，https://space.bilibili.com/25270624。

时 间	事 件
	中国空间技术研究院成立
	中国第一颗人造地球卫星"东方红一号"成功进入太空
	中国成功发射第一艘无人试验飞船神舟一号，实现了天地往返的重大突破
2003年10月15日	神舟五号载人飞船成功升空并安全返回中国航天员 _____ 首次进入太空
	中国首次进行多人多天的太空飞行，费俊龙、聂海胜两名航天员成功升空
2008年9月25日	神舟七号搭载翟志刚、景海鹏、刘伯明三名航天员升空，_____ 成为第一位成功出舱行走的中国人
	中国第一个空间目标飞行器天宫一号成功发射
2013年12月2日	成功发射嫦娥 _____ 探测器，这是中国第一个月球软着陆的不载人探测器
	中国发射的嫦娥四号探测器成功着陆在月球背面，实现了人类探测器首次在月球背面软着陆

不知道有没有哪个小朋友发现任务单上还有一行空格？这是为什么呢？

其实这是我们这个环节的第二个小任务：给视频起名字。

（第二个小任务参考答案：中国探索太空大事记）

除了表单中的相关信息之外，你还知道哪些人类探索太空的大事件呢？让我们一起走进我们的子项目一——太空探索的历史。

这个任务是通过绘制太空探索时间轴的方式，让学生进行知识的学习、理解、应用和测试。时间轴最大的特点就是依据时间顺序将信息进行串联，形成较为完整的记录体系，并通过图文的形式呈现。故设置时间轴任务，通过记录历史来实现传承。

嗨，你们好！这次我们将通过分组工作来创建和解释太空探索时间轴。无论你知道一点太空探索的历史，还是知道很多，在完成这项任务之后，我们每个人都将成为这方面的专家。是不是已经开始兴奋了？不急！让我们先想清楚，我们要做什么和我们将如何来做。

下面是一个简单的时间轴：人工智能翻译技术的历史时间轴。

人工智能翻译技术的历史时间轴

2016.7
WMT2016，神经网络机器翻译质量超越传统的SMT系统

2015—2016
神经网络机器翻译细节不断完善包括未知词处理（BPE）、更好的学习准则（MRT）、覆盖度模型等

2014.9
注意力机制的提出奠定神经网络机器翻译基本架构端到端神经网络翻译模型正式提出

1991
SMT统计机器翻译系统

1984
基于示例的机器翻译

20世纪70年代
基于规则的机器翻译

人工智能翻译技术

走到了哪一步？

2016.9
Google上线
神经网络机器翻译系统
（文章叠加8层LSTM，结合使
用了各种业界最新技术和神经
网络训练技术，效果大大提升）

2017.4
搜狗天工研究院利用层级相关反馈，
打破了神经网络的墨盒属性

2017.5
Facebook提出完全基于CNN的
架构
超过state-of-the-art水平

2017.6
Google提出Transformer架构
完全基于Attention
效果远超state-of-the-art水平

2018.3
微软宣传机器翻译质量
已经和人类译员媲美

1. 从左图中，你可以看到时间轴
上至少应该包含＿＿＿＿＿＿＿＿，
＿＿＿＿＿＿＿＿和＿＿＿＿＿。
当然，＿＿＿＿＿＿＿＿＿＿和
某 些 ＿＿＿＿＿＿＿＿＿＿＿＿ 也
有助于让时间轴变得更有条理和美观。*

2. 这次你们将分组工作并完成时
间轴。你们可以上网搜索信息，阅读有
关太空探索的书籍（如果你有的话），
或者只是阅读教师发送的文件。由于太
空探索的历史悠久，你们可以先讨论出
不同时间段的负责人。当然，也不要忘
记，在你们创建时间轴之前，请先确定
你们小组希望制作的时间轴的样式，我
们期望你们的时间轴是富有创意的。

3. 在你们小组的最终成果中，要
按照正确的时间顺序进行排序。

———————

* 正确答案：时间；事件（或人物）；价值；图示；
标识。

太空探索时间轴小组分工单

任务	负责人	完成时间
明确时段分工 确认时间轴样式	小组所有成员	_____
选择对应时段的典型事件并思考选择原因	对应时段成员	_____
各自绘制相关时段的时间轴	对应时段成员	_____
小组拼凑并调整或美化	小组所有成员	_____

教师工具1：太空探索时间表

国际航天大事件（部分）

1957—1969年

日期	太空探索事件	国家/组织
1957年10月4日	苏联发射第一颗人造地球卫星斯普特尼克一号	苏联
1961年4月12日	苏联航天员尤里·加加林完成首次载人太空飞行，绕地球轨道飞行了108分钟	苏联
1961年5月5日	美国首位航天员艾伦·谢泼德进入太空，进行了15分22秒的亚轨道飞行	美国
1961年5月25日	美国总统肯尼迪宣布，计划在10年内将人类送上月球并安全返回	美国
1962年2月20日	约翰·格伦成为进行地球轨道飞行的第一个美国人，乘坐飞船环绕地球3圈	美国
1963年6月16—19日	首位进入太空的女航天员捷列什科娃绕地球飞行48圈	苏联
1965年3月18日	苏联航天员阿里克谢·列昂诺夫进行人类首次太空行走	苏联
1967年1月27日	阿波罗1号的指令舱在肯尼迪航天中心进行地面测试时发生火灾，航天员维吉尔·格里森、爱德华·怀特和罗杰·查菲在火灾中遇难	美国
1967年4月24日	苏联航天员弗拉迪米尔·科马洛夫因联盟1号宇宙飞船坠毁而遇难	苏联
1968年12月21日	阿波罗8号载人飞船飞绕月球，到达距月球表面112千米以内	美国

续表

日期	太空探索事件	国家/组织
1969年7月20日	人类实现载人登月。阿波罗11号飞船的航天员尼尔·阿姆斯特朗和巴兹·奥尔德林在月球上停留21.5小时，其中在月面活动2.5小时	美国

1970—1990年

日期	太空探索事件	国家/组织
1971年6月29日	三位航天员格奥尔基·多勃罗沃利斯基、弗拉季斯拉夫·沃尔科夫和维克托·帕查耶夫乘坐联盟11号飞船返回大气层时，由于阀门故障导致的航天器减压，在降落前30分钟死亡	苏联
1972年12月7—19日	阿波罗17号任务是人类在月球上停留时间最长的一次，也是最后一次。航天员尤金·塞尔南和哈里森·施密特在月球上待了74小时59分钟	美国
1973年5月14日	第一个试验型空间站"天空实验室"发射升空	美国
1975年7月17—19日	美国航天员和苏联航天员参加阿波罗号-联盟飞船对接测试计划，历时两天	美国
1981年4月12日	哥伦比亚号航天飞机成为第一个绕地球飞行并返回机场降落的带翼航天器	美国
1983年6月18日	萨莉·赖德成为第一位进入太空的美国女性	美国

续表

日期	太空探索事件	国家/组织
1984年2月7日	美国航天员布鲁斯·麦坎德利斯在挑战者号航天飞机外进行了首次不系带太空行走	美国
1986年1月28日	挑战者号航天飞机发射73秒后爆炸，7名航天员全部遇难	美国
1988年11月15日	苏联发射首架航天飞机暴风雪号，进行3小时25分的无人驾驶飞行	苏联
1988年12月21日	苏联航天员弗拉基米尔·蒂托夫和穆萨·马纳罗夫在经历最长时间的太空飞行后从和平号空间站返回地球，他们的太空飞行时间长达365天22小时39分	苏联

1991年至今

日期	太空探索事件	国家
1995年3月14日	诺曼·萨加德成为乘俄罗斯火箭发射升空的首名美国人，两天后成为首位访问俄罗斯和平号空间站的美国人	美国 俄罗斯
1995年6月29日	美国亚特兰蒂斯号航天飞机与俄罗斯和平号空间站首次进行交会对接	美国
1996年9月26日	香农·卢西德在和平号空间站执行188天的任务后返回地球，成为太空飞行时间最长的女性	俄罗斯

日期	太空探索事件	国家
1998年10月29日	77岁的约翰·格伦搭乘发现号航天飞机重返太空，成为太空飞行的最年长者，也是进行地球轨道飞行的第一个美国人	美国
1999年5月29日	发现号航天飞机成为首架与国际空间站对接的航天飞机	美国
2000年11月2日	美国和俄罗斯航天员开始在国际空间站的生活	美国 俄罗斯
2003年2月1日	哥伦比亚号航天飞机在得克萨斯州上空解体	美国
2011年7月21日	亚特兰蒂斯号航天飞机抵达肯尼迪航天中心，航天飞机的最后一次任务结束	美国
2012年8月25日	旅行者1号成为第一个穿越太阳圈并进入星际介质的探测器	美国
2015年3月6日	第一个绕两个独立天体的航天器运行	美国
2015年7月	最近一次与1981年认可的九大行星之一（冥王星）相遇	美国
2015年8月10日	第一种在太空中生长的食物——生菜	美国 日本
2016年3月1日	航天员斯科特·凯利和米哈伊尔·科尔尼延科在经过340天的太空任务后返回地球，这是国际空间站乘组成员的最长太空生活时间	美国 俄罗斯
2018年2月6日	重型猎鹰火箭搭载红色的特斯拉敞篷跑车进入太空，这是第一辆进入太空的汽车	美国

中国航天大事件（部分）

日期	太空探索事件
1970年4月24日	第一颗人造地球卫星"东方红一号"成功升空
1999年11月20日	神舟一号成功发射，宣告我国成为世界上第三个发射载人飞船的国家
2003年10月15日	神舟五号载人飞船升空，杨利伟成为第一位进入太空的中国人
2005年10月12日	神舟六号飞船搭载费俊龙、聂海胜两名航天员成功升空
2007年10月24日	首颗月球探测卫星嫦娥一号成功发射
2008年9月25日	神舟七号飞船搭载翟志刚、景海鹏、刘伯明三名航天员升空，翟志刚成为第一位成功出舱进行太空行走的中国人
2011年9月29日	第一个空间目标飞行器天宫一号成功发射
2012年6月16日	神舟九号飞船搭载着三名航天员成功升空，并于6月18号完成了与天宫一号目标飞行器自动交会对接，这是中国首次载人交会对接任务。另外，神舟九号飞船的三名航天员中，刘洋是第一位进入太空的中国女性航天员
2013年6月11日	神舟十号在轨飞行15天，首次开展航天员太空授课活动
2013年12月2日	嫦娥三号探测器成功发射，12月15日与"玉兔号"巡视器分离，"玉兔号"是中国首辆月球车
2016年9月15日	天宫二号空间实验室在酒泉卫星发射中心成功发射
2018年12月8日	嫦娥四号发射升空
2020年7月23日	天问一号由长征五号遥四运载火箭发射升空，成功进入预定轨道
2020年11月24日	长征五号遥五运载火箭搭载嫦娥五号探测器成功发射升空并将其送入预定轨道

教师工具2：视频任务答案

时间	事件
1968年2月20日	中国空间技术研究院成立
1970年4月24日	中国第一颗人造地球卫星"东方红一号"成功进入太空
1999年11月20	中国成功发射第一艘无人试验飞船神舟一号，实现了天地往返的重大突破
2003年10月15	神舟五号载人飞船成功升空并安全返回，中国航天员杨利伟首次进入太空
2005年10月12	中国首次进行多人多天的太空飞行，费俊龙、聂海胜两名航天员成功升空
2008年9月25日	神舟七号飞船搭载翟志刚、景海鹏、刘伯明三名航天员升空，翟志刚成为第一位成功出舱行走的中国人
2011年9月29日	中国第一个空间目标飞行器天宫一号成功发射
2013年12月2日	成功发射嫦娥三号探测器，这是中国第一个月球软着陆的不载人探测器
2019年1月3日	中国发射的嫦娥四号探测器成功着陆在月球背面，实现了人类探测器首次在月球背面软着陆

子项目二：太阳系宜居星球*的可行性分析

哪个星球更适合人类居住？

👦年级：3—6年级

🕐课时：3个课时

一、学习目标

知识目标

S4. 知道太阳、地球、月球的运动特征。

S5. 初步认识大自然为人类生存提供了各种资源和能源。

S7. 知道地球是一个球体，是太阳系中的一颗星球。

S8. 了解八大行星和小行星带。

S11. 描述地球的形状和大小。

S12. 知道太阳系的组成。

M3. 探索一些图形的形状、大小和位置关系，了解一些几何体和平面图形的基本特征。

---

* 考虑到小学生的理解能力和表述习惯，这里的"星球"特指行星，文中星球项目的研究特指对行星的研究。

技能目标

S2. 针对一个具体的任务，按照设计的基本步骤来设计一个产品或完成指定的任务。

S3. 对自己或他人设计的想法、草图、模型等提出改进建议，并说明理由。

S18. 能基于所学的知识，通过观察、实验、查阅资料、调查、案例分析等方式获取信息。

S19. 能基于所学的知识，用科学语言、概念图、统计图表等方式记录、整理信息，表述探究结果。

S20. 能基于所学的知识，采用不同的表述方式呈现探究的过程与结论。

M4. 掌握初步的测量、识图和画图的技能。

A1. 在感受与体验科学发现的微观世界和宏观世界中的美的基础上，尝试艺术创造与科技手段的结合，有意识地对所学、所知的自然环境和生命中的内容进行创造与表现。

A3. 具有运用生活素材以及艺术要素及表现手段进行创作活动的能力。

IT3. 学会使用一种常用的多媒体制作工具制作、编辑简单的多媒体作品。

IT4. 学会展示多媒体作品。

二、学习工具

1. 学生任务单：星球研究任务单。

2. 制作太阳系三维模型所需的材料，或星球角色扮演所需的材料，或制作星球T恤所需的材料。

三、学习过程

引入

1. 课前小游戏。完成星球研究任务单中的"引入"部分。

2. 回顾"知识奠基"中的"我的书架"和"我的博物馆"中和八大行星有关的内容。

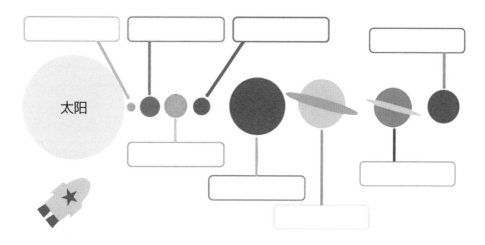

如果你觉得有适合人类移居的星球，那么请你针对这一颗星球进行宜居性分析并找出存在的问题。基于此，你进一步探寻需要什么人以及什么资源来解决这些问题。如果你觉得没有任何一颗星球适合人类移居，你可以选择一颗星球进行改造。你甚至可以创造一个适合人类移居的星球，给它起一个名字并阐述其产生的过程和基本样态。

实践1.1

小组合作探索每个星球的基本特点，完成星球研究任务单中的"星球特征"和"星球故事"部分，并制作太阳系三维模型。

建造你们自己的太阳系

- 制作太阳系三维模型。
- 确保太阳系包含所有的行星及其名称。
- 还可以添加一些和行星有关的有趣信息。
- 可以使用任何材料来制作模型。

但是……

- 不能直接购买行星模型，要自己制作哦。

实践1.2

小组合作探索每个星球的基本特点，完成星球研究任务单中的"星球特征"和"星球故事"部分，并开展星球角色扮演游戏。

游戏规则：每名学生穿上代表星球的T恤，根据行星之间的距离、运动轨迹、运动方向，模拟太阳系。

星球角色扮演

选择一个你最喜欢的星球，并将它设计在你的T恤上，这样你就可以穿着T恤来向其他人介绍你最喜欢的星球了。

- 首先，画出星球草图；
- 然后，添加星球信息，在你的T恤上加上你最喜欢的星球名字；
- 其次，装扮你的星球，使它美观、引人注目且富有创造性；
- 最后，检查你的T恤，要让其他人了解你的星球。

注：

如果课时有限，两个活动选择其一即可。

实践2

我们向学生抛出一个问题：太阳系有八颗行星，为什么人类居住在地球上呢？地球具备了哪些条件才使得其适宜人类居住呢？于是我们就有了接下来的任务——地球宜居条件泡泡图。学生分小组开展研究，基于地球的宜居条件这一中心点发散出不同的"枝干"，并分别进行思考。

四、学习成果

1. 太阳系三维模型或星球T恤。
2. 地球宜居条件泡泡图。

五、学习评价

太阳系三维模型核查单

维度	如果符合，请打√
把我的行星摆放在太阳系中的正确位置，星球之间的距离都是正确的	☐

行星形状和大小正确	☐
利用不同的材料来呈现各个行星的特性	☐
模型能够体现对三维空间的理解和想象	☐

T恤绘制核查单

维度	如果符合，请打√
首先画一张草图	☐
星球名字字体足够大，其他人在多远也可以看清	☐
添加了该星球相关的信息：有无空气，有无生命，有无液态水，已知卫星数，直径，自转周期和公转周期	☐
运用了有创意的制作方法且几种形状运用恰当	☐

子项目二：
太阳系宜居星球的
可行性分析

星球角色扮演核查单

维度	如果符合，请打√
能够运用自己的方式标识身份	☐
能够对行星排列进行正确站位	☐
能够正确模拟行星的运动轨迹	☐
能够在规定时间内完成任务展示	☐
小组的活动开展是有序的	☐

地球宜居条件泡泡图核查单

维度	如果符合，请打√
能体现生命存活的必要条件及其对地球及地球生命的重要性	☐

能体现搜集与整理资料的能力	☐
能体现水资源的重要性：水是生命体的重要组成成分，了解生物体的各种生命活动都离不开水	☐
能引发对可持续发展的思考，对国家、社会和个人的要求	☐

地球宜居条件泡泡图分享核查表

维度	如果符合，请打✓
全部学生积极参与讨论，相关讨论聚焦于该任务	☐
其他学生发言时，能够认真且耐心地聆听	☐
能够大胆地、有条理地表达自己的观点	☐
能够根据其他组的分享进行信息的补充与更新	☐

学生工具5：星球研究任务单

★ 星球研究任务单 🪐

姓名 _____

班级 _____

日期 _____

引入

点点繁星，好似颗颗明珠镶嵌在天幕，闪闪发光。

都说星空浩瀚，可你是否知道这茫茫天际到底有多少颗星星呢？2、4、6、7、8，让我们一起来数一数吧！让数学网格估测法带你在"数字天幕"中漫游。这一定是你见过的最巧妙的估算游戏哦，没有之一！

游戏指导	我把这个星空分成了（　　　）格，用（　　　）格来进行估测，这一格有（　　　）颗闪亮的星星。我的估测结果是：这片美丽星空中总共有（　　　）颗小星星。

一、星球特征

请查阅资料并完成下面的表格。

1	和太阳之间的平均距离（千米）	_____	2	密度	_____
3	和地球之间的平均距离（千米）	_____	4	质量	_____
5	星球主要成分	_____	6	周长	_____
7	平均半径	_____	8	表面积	_____
9	体积	_____	10	重力加速度	_____
11	大气层	_____	12	有水或冰吗？	_____
13	卫星	_____	14	有环带吗？	_____
15	赤道白天的平均温度	_____	16	赤道夜晚的平均温度	_____
17	星球上的“一天”有多长？	_____	18	星球上的“一年”有多少天？	_____
19	这个星球的天气	_____	20	描述一下星球表面	_____

二、星球故事

你知道你的星球有什么有趣的或者独特的故事吗？

请选择两件事，用简洁的语言记录下来。

1.＿＿＿＿＿＿＿＿＿＿＿＿＿＿＿＿＿＿＿＿＿＿

＿＿＿＿＿＿＿＿＿＿＿＿＿＿＿＿＿＿＿＿＿＿＿＿

＿＿＿＿＿＿＿＿＿＿＿＿＿＿＿＿＿＿＿＿＿＿＿＿

＿＿＿＿＿＿＿＿＿＿＿＿＿＿＿＿＿＿＿＿＿＿＿＿

＿＿＿＿＿＿＿＿＿＿＿＿＿＿＿＿＿＿＿＿＿＿＿＿

2.＿＿＿＿＿＿＿＿＿＿＿＿＿＿＿＿＿＿＿＿＿＿

＿＿＿＿＿＿＿＿＿＿＿＿＿＿＿＿＿＿＿＿＿＿＿＿

＿＿＿＿＿＿＿＿＿＿＿＿＿＿＿＿＿＿＿＿＿＿＿＿

＿＿＿＿＿＿＿＿＿＿＿＿＿＿＿＿＿＿＿＿＿＿＿＿

＿＿＿＿＿＿＿＿＿＿＿＿＿＿＿＿＿＿＿＿＿＿＿＿

三、地球宜居条件泡泡图

地球具备了哪些条件才使得其适宜人类居住呢？通过泡泡图的形式来展现你的思考吧。

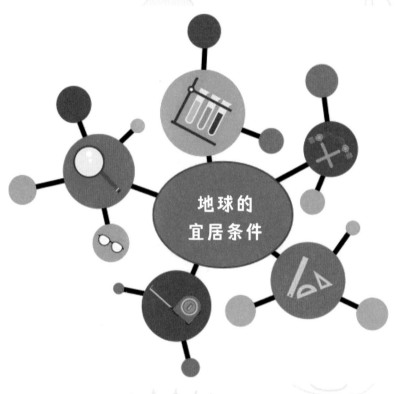

泡泡图
是指 〉 就一个主题进行头脑风暴，以一个中心点为基础往四周进行发散，并根据思维导图所发散出的不同"枝干"进行分类，使得原本"漂浮在脑海"的想法和线索变得更加组织化和结构化。它特别适合于捕捉大脑中稍纵即逝的"点子"。在多人合作的任务中，大家可以各自负责一个"枝干"，进行可视化的信息共享。

四、新家园

A：选择一颗你觉得最适合人类移居的星球，并分析其宜居性和存在的问题。

星球种子计划
A.我们选择移居的星球是＿＿＿＿＿＿

宜居条件	我们需要改变什么（不适宜条件）	我们需要具有什么能力的人	我们需要哪些资源

B：选择一颗你想要改造的星球，并提出改造的建议。

星球种子计划
B.我们选择改造的星球是 ＿＿＿＿＿＿

我们需要改变什么	我们需要具有什么能力的人	我们需要哪些资源
------------------	------------------	------------------
------------------	------------------	------------------
------------------	------------------	------------------
------------------	------------------	------------------
------------------	------------------	------------------
------------------	------------------	------------------

C: 创造一颗你觉得适合人类移居的星球，为它命名，并阐述其基本样态。

星球种子计划
C.我们想要创造一颗叫 _____ 的星球

星球基本情况描述	我们需要具有什么能力的人	我们需要哪些资源
----------------	----------------	----------------
----------------	----------------	----------------
----------------	----------------	----------------
----------------	----------------	----------------
----------------	----------------	----------------
----------------	----------------	----------------

子项目三：开创先锋计划

哪些人将成为新家园的开创先锋？

😊年级：3—6年级

🕐课时：3个课时

一、学习目标

知识目标

S4．知道太阳、地球、月球的运动特征。

S5．初步认识大自然为人类生存提供了各种资源和能源。

S7．知道地球是一个球体，是太阳系中的一颗星球。

S8．了解八大行星和小行星带。

S11．描述地球的形状和大小。

S12．知道太阳系的组成。

技能目标

S3．对自己或他人设计的想法、草图、模型等提出改进建议，并说明理由。

S6．能从具体现象与事物的观察、比较中提出可探究的科学问题。

S21．能基于证据质疑并评价别人的探究报告。

C1．能清楚明白地讲述见闻，说出自己的感受和想法，讲述力求具体生动。

C5．对自己身边的、大家共同关注的问题，或电视、电影中的故事和形象，组织讨论、专题演讲，学习辨别是非、善恶、美丑。

二、学习工具

1. "画廊漫步"意见单。
2. 彩色纸、彩色笔、剪刀、胶水。

三、学习过程

引入

接下来我们将通过"画廊漫步"的形式来分享每个团队的计划。"画廊漫步"就是大家把各自的作品像名画一样张贴出来，与此同时，在作品的旁边贴上意见单，以方便观赏者提出修改的意见和写下他们的留言。每个组请留一名组员在自己的作品前面负责讲解，其他的组员像逛画展一样去到其他组。大家的留言分为两种。

| 第一种 | > | 当发现其他团队具备你们团队所不具备的能力的时候，你们可以提出需求。 |

| 第二种 | > | 当发现其他团队遗漏了自己团队所具备的能力的时候，你们可以提醒他们添加。 |

实践1

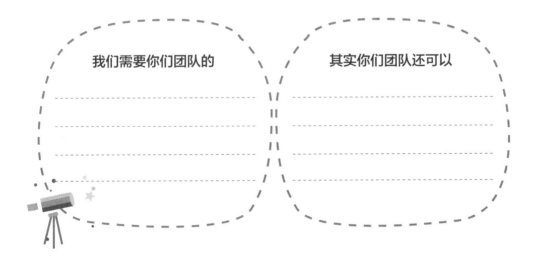

我们需要你们团队的

其实你们团队还可以

实践2

开创先锋计划"招募"

我想要 _____ 加入我们的开创先锋团队。

为什么？

他能为这个团队做什么？

实践3

开创先锋计划"自荐"

我想要加入第 _____ 组的开创先锋团队。

为什么？

我能为这个团队做什么？

实践4

将在其他组看到的能够使自己组的计划更加完善的内容带回自己组，并进行计划的补充和完善。

四、学习成果

1. 开创先锋计划单。

2. "画廊漫步"意见单。

3. 比对数据，改造计划。

五、学习评价

开创先锋计划核查单

维度	如果符合，请打√
体现了对生命存活的必要条件以及对地球生命重要性的理解	☐
体现了对八颗行星基本信息的了解，并根据宜居条件选择了适合移居的星球	☐
给出了为什么需要这些人及资源的充分理由	☐
老师们看到我是经过认真思考来进行决策的	☐
老师们可以看到我尽力了	☐
我的任务单极具创造性	☐

教师工具3："画廊漫步"意见单

太空探索"家"子项目三

组号：＿＿＿＿＿＿＿＿

日期：＿＿＿＿＿＿＿＿

组员：＿＿＿＿＿＿＿＿＿＿＿

我们需要你们团队的……

其实你们团队还可以……

子项目四：设计 小火箭和着陆器

如何成功前往并安全着陆？

👦年级：3—6年级

🕐课时：3个课时

一、学习目标

知识目标

S16. 知道地球不需要接触物体就可以对物体施加引力（万有引力）。

技能目标

S1. 知道工程设计的基本步骤包括明确问题、确定方案、设计制作、改进完善等。

S3. 对自己或他人设计的想法、草图、模型等提出改进建议，并说明理由。

S13. 知道设计包括一系列步骤，完成一项工程设计需要分工与合作，需要考虑很多因素。

S14. 简单评估完成一个产品或系统的可行性，预想使用效果。

S17. 能基于所学的知识，制订比较完整的探究计划。

S22. 能对探究活动进行过程性反思，及时调整，并对探究活动进行总结性评价。

A3. 具有运用生活素材以及艺术要素及表现手段进行创作活动的能力。

A4. 能够对自己所创作的表现生活内容或自然景象的作品进行展示和评价。

二、学习工具

1. 气体小火箭制作材料（细线、吸管、透明胶带、气球、夹子）。

2. 探测器着陆的视频。

3. 着陆器制作材料（3个纸盘、10根吸管、1卷双面胶带、1卷单面胶带、1把剪刀、2个乒乓球、2张A4白纸、2个塑料杯，需要多备一些材料）。

4. 给每个小组提供气体小火箭制作流程单及一套学生任务单。

三、学习过程

引入
播放探测器着陆的视频[*]。

实践1
结合制作流程单设计并制作气体小火箭。

---

* 视频参考《InSight: Landing on Mars》，youtube.com/watch?V=C0lwFLi ZEE。

气体小火箭制作流程单

步骤

1 将细线穿过吸管，一头低，一头高，然后固定起来。可以把一头系在椅子腿上，另一头系在窗把手或窗框上。

2 将气球吹大，用夹子夹住进气口，防止漏气。

3 用透明胶带将气球粘在吸管上，使得进气口朝着细线较低的一端。

4 把吸管连同气球挪到细线较低的一端，捏住气球进气口，取走夹子，然后猛地松手，气球就会"唰"的一声从一端飞向另一端。

5 多次试验，测量飞行距离。取最长的三次距离作为有效成绩。

实践2

结合视频揭示任务——制作着陆器

亲爱的小伙伴们，今天我们要一起完成一个神圣的使命！通过前一个任务，我们完成了小火箭的制作。新家园的开创先锋们将搭乘小火箭前往新家园，如何确保安全着陆呢？让我们来当小小工程师，为他们设计一个有效的减震设备。每一组将收到一份操作手册，请遵守科技小制作的一般过程，并对自己的减震着陆器进行不同高度（如站立在地面、站立在桌面）的安全着陆实验。你们只能使用盒子里提供的材料，具体要求参看操作手册。祝你们成功！

小组合作

A. 学生仔细阅读着陆器任务单，理解任务，了解规则。

B. 学生要理解所提供的材料，思考如何选择这些材料来制作自己的着陆器。

C. 学生绘制他们的着陆器的设计草图，标明部位名称。

D. 学生使用盒子里的材料开始建造着陆器。完成后，他们要绘制着陆器的第二个草图，对改变的部分要着重标记。

E. 学生测试并评估他们的着陆器。

F. 学生完成自我评估。

注：

需要按照顺序一步一步进行操作和手册填写，每完成一步需要举手，让老师检查并签字。

四、学习成果

1. 学生在课堂上依次展示自己小组的小火箭及着陆器。

2. 学生完成着陆器任务单。

五、学习评价

着陆器评价量规

维度	如果符合，请打√
清楚知道需要设计的产品和要求	☐
严格遵循了科技小制作的一般过程	☐
体现了对不同材料减震效果性能的了解	☐
设计具有创造性	☐
能够辩证地进行自我评价	☐
积极地制作，有效地沟通和出色地努力	☐

学生工具6：着陆器任务单

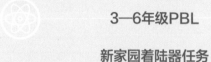

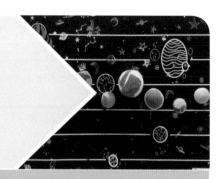

3—6年级PBL

新家园着陆器任务

我们将如何在新家园着陆？

我们已经制作了小火箭，开创先锋们将搭载我们的小火箭前往新家园。如何确保他们安全着陆呢？让我们作为小小工程师，为他们设计一个可以确保安全的减震着陆器。

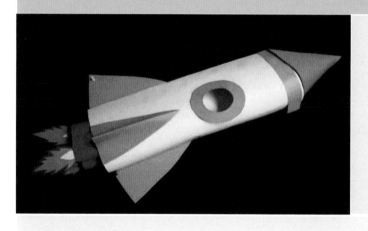

我是
小小工程师

团队成员：　　　　　　　　　　班级：

_____

_____

★ 新家园着陆器任务

- 设计并制造一个缓冲或减震着陆器，保护两名乘客（用2个乒乓球代表）在着陆时免受冲击带来的伤害。

- 要保证两名乘客可以自如进出及活动。

任务规则

1 只能使用我们所提供的物品。

2 所有的搭建均应在杯子底部完成，不能覆盖杯口。

3 根据需求，可以选择需要的材料，不必使用全部的材料。

4 需要确保两个乒乓球（乘客）在着陆时不从杯中掉出。

学生工具7：着陆器操作手册

提供的材料

每个小组的盒子里，都包含以下一些材料。根据你们小组的需求选择材料，不必使用全部的材料。

- 10根吸管
- 3个纸盘
- 1卷双面胶带
- 1卷单面胶带

- 1把剪刀
- 2个乒乓球
- 2张A4白纸
- 2个塑料杯

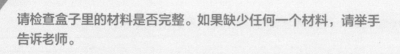

请检查盒子里的材料是否完整。如果缺少任何一个材料，请举手告诉老师。

科技小制作
的一般过程

一、分析任务，明确问题

任务 用你自己的话来描述任务的内容（你需要做什么？）

_____

_____

规则 用你自己的话来描述任务规则是什么

_____

_____

目标 如何确定你的设计是可以成功的？

_____

_____

减震或缓冲 用你自己的话来描述减震或缓冲的含义

_____

_____

思考 你能想到日常生活中有关减震或缓冲的一个例子吗？

_____

在进入下一个环节之前，记得把这一页给老师检查和确认哟！

教师签名：_____

二、头脑风暴，设计方案

任选3种材料，并逐一解释它们在减震或缓冲着陆器制作或改进中的作用。请在你画的设计图上，标注关键部分的信息（比如它的名字、作用等）。

盒子里面的材料		如何使用或改变材料，使它具有减震或缓冲的作用?（文字或图片）
1		
2		
3		

绘制你的新家园着陆器的草图，记得添加关键部分的信息。

在进入下一个环节之前，记得把这一页给老师检查和确认哟！

教师签名：_____

三、制作模型

现在你可以开始制作着陆器了！

请根据设计图进行制作，你也可以在制作中进行修改。

制作完成后，请在下方绘制最终产品的设计图，记得添加关键部分的信息。

描述你的最初的设计图与最终作品之间的差异。

_____

_____

_____

在进入下一个环节之前，记得把这一页给老师检查和确认哟！

教师签名：_____

四、模型试验及调整

填写下表:

测试		是否成功着陆?	你会做什么调整?
1. 站立在地面上进行测试	测试1	是/否	
	测试2	是/否	
	测试3	是/否	
2.站立在桌子上进行测试（要注意安全）	测试 1	是/否	
	测试2	是/否	
	测试3	是/否	

在进入下一个环节之前，记得把这一页给老师检查和确认哟！

教师签名:_____

五、成型及评估

1. 如果你可以拥有世界上的任何材料，你会在新家园着陆器上增加什么？请说明你的理由。

_____

_____

2. 你认为遵循设计流程的步骤很重要吗？为什么？

_____

_____

3. 在设计过程中你认为失败是很重要的吗？为什么？

_____

_____

4. 在整个过程中，你认为最难的是什么？为什么它是最难的？

_____

_____

5. 你最喜欢这项任务中的哪个部分？理由是什么？

_____

_____

子项目五：
宜居新家园

如何设计新家园并使其宜居？

年级：3—6年级

课时：4个课时

一、学习目标

知识目标

S1. 知道工程设计的基本步骤包括明确问题、确定方案、设计制作、改进完善等。

M3. 探索一些图形的形状、大小和位置关系，了解一些几何体和平面图形的基本特征。

技能目标

S2. 针对一个具体的任务，按照设计的基本步骤来设计一个产品或完成指定的任务。

S3. 对自己或他人设计的想法、草图、模型等提出改进建议，并说明理由。

A3. 具有运用生活素材以及艺术要素及表现手段进行创作活动的能力。

M4. 掌握初步的测量、识图和画图的技能。

M5. 在实际情境中理解比例及按照比例分配的含义，并能解决简单的问题。

M6. 会根据正比例关系在方格纸上画图。

二、学习工具

1. 方格纸。

2. 白色纸。

3. 设计新家园的材料。

三、学习过程

引入

在这个项目中，我们结合子项目二中的宜居条件、八大行星相关信息，以及子项目三中开创先锋团队所具有功能的相关内容，对人与环境之间的关系进行思考，并对空间的合理布局进行规划。在子项目五中，我们要完成的任务有：

1. 将宜居新家园分为不同的功能区域。

2. 选择感兴趣的一个区域，从形态、功能、防护等方面提出设计方案。

3. 绘制区域平面图。

4. 搭建模型，把不同区域对接，形成一个完整的新家园基地。

实践1

小组讨论：

区域功能、区域大小；

做出表格；全班分享；改进方案。

实践2

每个小组根据方案选择两个区域（选择的区域数按照小组人数进行调整，默认是四人一个小组），小组一起设计区域平面图。

实践3

根据两个区域的平面图，选择建设新家园的材料；

建造新家园。

实践4

向全班分享自己小组建造的新家园。

四、学习成果

学生在课堂上依次展示自己建造的新家园。

五、学习评价

—— 宜居新家园 ——

在你们为开创先锋团队设计新家园前，需要考虑的事情有：

- 在哪里睡觉？

- 吃什么？

- 在星球上要做什么？

- 如何娱乐和放松？

- 遇到紧急情况怎么办？

- 可以在新家园里旅行吗？

- 需要什么条件才能生存？

- 星球气候怎样？新家园的设计如何适应气候？

- 星球上还有哪些地方需要探索，打算如何探索？

- 星球上可以自由呼吸吗？如果不能，如何解决这个问题？

- 户外行走时，应该穿什么？

- 有水吗？如何获取水资源？（如果没有，如何解决这些问题？）

- ······

- ······

任何可以帮助开创先锋团队在星球上生存下来的事项，你们都需要考虑。

新家园展示核查单

维度	如果符合，请打√
新家园模型体现了"宜居新家园"清单上的所有内容	☐
小组制作的模型利用了不同图形的形状、大小和位置，体现了几何体和平面图形的基本特征	☐
模型体现了比例分配及正比例关系	☐
作品运用了生活素材以及艺术要素	☐
小组展示有逻辑，内容有趣，观众能听懂	☐
所有成员都积极参与，分工明确且有序	☐
准备充分，呈现方式具有创造性	☐
体现出色的批判性思维，展示了解决问题的过程	☐
能够与观众保持眼神交流，声音洪亮，用词准确	☐

出项活动：
宜居星球评估会

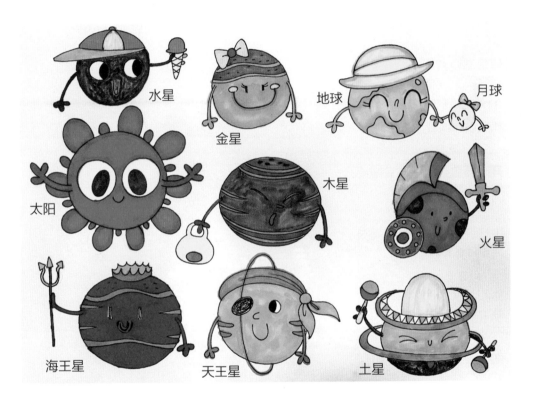

水星
金星
地球
月球
太阳
木星
火星
海王星
天王星
土星

亲爱的小伙伴们，我们的太空探索"家"项目已经进入尾声了。大家要完成的最后一项任务就是：召开宜居星球评估会。让我们影响更多的人，让更多的人共创未来吧！

我们的评估会将在（时间+地点）召开。在此之前大家需要先思考以下问题：

事项	你的思考	小组成员的思考
我们举办评估会的目的是什么？		
你们想要在评估会上呈现什么？		
你想邀请谁作为评估会的观众？		
如何设计项目评估表？		
开一场这样的评估会需要做什么准备工作？		
进行评估会现场布置需要准备什么材料？		
你和小伙伴们打算在评估会上做什么？		
你们在评估会上将如何分工？		
评估会结束后，你们将如何对自己的项目进行反思和改进？		
是否会产生费用？如何申请并获得相关经费？		

以下是对评估会的一些基本要求：

1 团队服饰：统一着装。

2 每项产品展板规格：见以下展板样例图。

3 评估会需呈现产品：太空探索时间轴、太阳系三维模型、"画廊漫步"意见单、改造计划、地球宜居条件泡泡图、科技小制作任务书、气体小火箭、着陆器、新家园区域规划及新家园模型。

展板样例图：

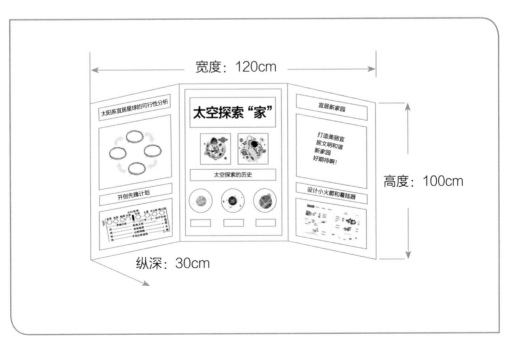

成果展示核查单

维度	如果符合，请打√
星球宜居性分析：能够根据真实的证据进行合理分析，能够选出适合人类生存的新家园	☐
星球发展前景分析：能够选择出适合新家园的开创先锋，并对资源需求进行分析	☐
安全抵达：能够选择材料完成产品制作，小火箭及着陆器效果良好，安全系数高	☐
星球布局：设计图绘制完整，能够使用合适的材料进行建造，模型美观大方，区域划分清晰、实用性强	☐
星球宣传：项目内容介绍完整，语言表达清晰，海报吸引眼球，宣传者有感染力	☐

学生工具8：自我评估表

自我评估表	
日期：_____ 年级：_____ 班级：_____ 小组成员：_____	

在所有小组都展示完后，请填写以下内容：

1. 你们的展示内容是：

_____

2. 你们收到了哪些积极的反馈（哪一部分是大家所喜欢或欣赏的）？

3. 在你们展示的过程中，哪些方面存在不足？

4. 听完其他小组的展示之后，你学到了什么？

5. 下一次你们会做哪些改进来提升质量？

学生工具9: KWL表

KWL表
姓名: _____   日期: _____
项目名称: _____

我已经知道了什么	我还想知道什么	我学到了什么

学生工具10：出项策划书

出项策划书

班级：_____   日期：_____

小组成员：_____

── 你们打算做什么？ ─────────────────────

需要什么或需要谁？	作用：将怎么使用"它"	谁负责这部分？

开始你们的计划吧！

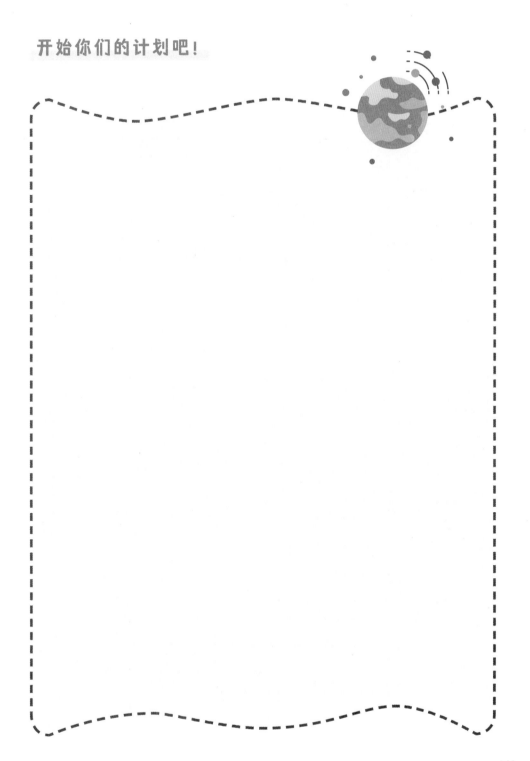

你对这个项目成果的期望是什么？

教师工具4：家长反馈单

家长反馈单

学生：_____   班级：_____

家长：_____

孩子们在太空探索"家"项目中一直非常努力，他们将与你分享这个项目。请在听完孩子的介绍后填写此表格。

我从孩子的介绍中了解了
哪些太空知识？

我对这个项目有何感想？

通过这个项目，孩子获得
了怎样的成长？

请提供改进该项目的建议。

傅冰，2005．从中美教育比较的视角看如何培养学生的创造力[J]．思想·理论·教育（20）：51-54．

林崇德，胡卫平，2012．创造性人才的成长规律和培养模式[J]．北京师范大学学报（社会科学版）（1）：36-42．

孙崇勇，李淑莲，张文霞，2016．创造性4C认知量表（PC4CS）中文版的信、效度检验[J]．中国健康心理学杂志，24（7）：1046-1050．

闫寒冰，王巍，2020．跨学科整合视角下国内外STEM课程质量比较与优化[J]．现代远程教育研究，32（2）：39-47．

臧莺，2012．创造力是中国学生的"短板"：时报专访国际著名数学家丘成桐[J]．基础教育论坛（8）：37-38．

朱小虎，2016．基于PISA的学生问题解决能力研究[D]．上海：华东师范大学国际与比较教育研究所：6-7．

Barbot B, Heuser B, 2017. Creativity and Identity Formation in Adolescence: A Developmental Perspective[M]//Barbot B, Heuser B. Creative Self. Salt Lake City: Academic Press: 87-98.

Beghetto R A, Kaufman J C, 2007. Toward a Broader Conception of Creativity: A Case for Mini-c Creativity[J]. Psychology of Aesthetics Creativity and the Arts, 1(2): 73-79.

Chisholm L, 2005. Bridges for Recognition Cheat Sheet: Proceedings for the SALTO Bridges for Recognition: Promoting Recognition of Youth Work Across Europe[R]. SALTO-Youth Inclusion Resource Center: 3-12.

Geary D C, 2002. Principles of Evolutionary Educational Psychology[J]. Learning and Individual Differences, 12(4): 317-345.

Geary D C, 2006. The Origin of Mind: Evolution of Brain, Cognition and General Intelligence[J]. Genes Brain and Behavior(1).

Guilford J P, 1967. Creativity: Yesterday, Today and Tomorrow[J]. Journal of Creative Behavior, 1(1): 3-14.

Hung W, 2015. Cultivating Creative Problem Solvers: The PBL Style[J]. Asia Pacifific Education Review(16): 237-246.

Strobel J, van Barneveld A, 2009. When Is PBL More Effective? A Meta-synthesis of Meta-analyses Comparing PBL to Conventional Classrooms[J]. Interdisciplinary Journal of Problem-Based Learning, 3(1): 44-58.

Sulaiman F, Coll R K, Hassan S, 2014. An Investigation of the Effectiveness of PBL Online on Students' Creative Thinking: A Case Study in Malaysia[J]. International Journal of Humanities and Social Studies Invention, 3(8): 49-55.

Sweller J, Clark R E, Kirschner P A, 2011. Teaching General Problem Solving Does Not Lead to Mathematical Skills or Knowledge[J]. European Mathematical Society Newsletter(3): 41-42.

Walker A, Leary H, 2009. A Problem-Based Learning Meta Analysis: Differences Across Problem Types, Implementation Types, Disciplines, and Assessment Levels[J]. Interdisciplinary Journal of Problem-Based Learning, 3(1): 12-43.

在今年的"中国航天日"启动仪式上，国家航天局局长张克俭说："50年前的今天，中国成功发射了第一颗人造地球卫星'东方红一号'。50年来，在党中央坚强领导下，广大航天工作者牢记初心、攻坚克难，不畏艰险、不惧挑战，走出一条独具特色的自力更生、自主创新之路。"他更是以今年"弘扬航天精神，拥抱星辰大海"的主题，激励广大青少年树立远大理想，崇尚探索创造，在奋力奔跑中实现人生价值；号召全社会赓续航天精神，爱国奉献追梦，在笃定前行中成就事业。

太空旅行，移民火星，是全人类的梦想和激情所在。只能是火星吗？人类能够前往的会不会是另一颗星球呢？适合人类居住的又会是哪一颗星球呢？太空探索"家"带给学生们更多的思考和可能，太空探索"家"让他们离梦想更近一步。

在这个项目中，学生们回顾了人类探索太空的历史，这是一个由浅到深、由模糊到清晰的过程。他们对人类探索太空的历程有了深入的了解，这是追寻起源、了解宇宙、拓展人类生存空间的尝试。在这个过程中，他们感受着一代又一代人对解开宇宙奥秘的渴望，也对我们生活的地球和广袤的宇宙有了新的认识。

学生们对太阳系宜居星球的可行性进行了分析，探索了哪个星球最适合人类居住，他们的好奇心和探索的天性得到了极大的满足。他们了解了作为太阳系行星之一的地球的过去、现在和未来，牵引着他们爱护地球的心。他们加深了对其他行星的了解，知道了太阳系中的资源无穷无尽。他们甚至期待：在地球资源耗尽之前，人类能够把太阳系中的资源源源不断地输送到地球，直到人类有能力移民到外星球。

学生们成立了开创先锋队，成为领航员，并为了保障队员的安全着陆而设计了着陆器。在这个过程中，学生们尝试选择、学会选择、敢于抉择。他们慎重思考每个人的价值，也为大局需要而勇于放弃；他们对自己的选择负责，也为自己的放弃承担责任。这是功能的考量和权衡，也是道德的博弈。每一个学生都在这种内心的角力中学会更客观地分析问题，更全面地思考问题和更长远地规划。

学生们还设计了新家园。在这个过程中，学生的分析能力、归纳能力、解决问题的能力得到发展的同时，他们的情感态度和价值观也得到了升华。每个学生作为个人生活的主宰和这个新家园的一名公民承担起应尽的责任和义务，这样的真实体验使得学生在进行活动时不盲目。他们开始思考资源分配和保护，一步一步意识到处理人与环境关系的原则和环境保护的意义，懂得人和人之间相处的道理。他们明白了家园是寄存我们真爱、善心、责任和奉献的场所。不论是日后的某颗星球，还是现在我们正生活着的地球，我们每个人都应该珍惜和爱护它。

这个项目不是一个人能完成的，也不是靠单个学科就能达成的。我们的项目中有不同学科元素的参与：各学科有主次，有单个学科的个性和特质，更有学科的融合。我们以项目目标作为统领，将统整的学科进行了有效的组织，使其形成合力为达成目标服务。学生们在探究过程中模糊了学科界限，在解决问题的过程中创新知识应用，并生成了新的认知。这是学生们踏上宇宙揭秘的闪亮一步，也是他们走向浩瀚宇宙的勇气和决心。

在整个人类历史长河中，各族人民赞美星空、探索宇宙，更在这个过程中探讨生命和人生的意义。人们一直尝试解开宇宙的奥秘，并把获得的真知应用于生产和生活，实现人类社会的持续发展。太空探索"家"让我们圆梦"太空行"，开启人生梦想的征程。

2020年12月

出版人　李　东
策划编辑　池春燕
责任编辑　池春燕
版式设计　锋尚设计　郝晓红
责任校对　贾静芳
责任印制　叶小峰

图书在版编目（CIP）数据

跨学科项目经典案例：太空探索"家" / 吴萍，易菀兰，
刘潇编著. —北京：教育科学出版社，2021.3（2024.6 重印）
（学习素养·项目化学习的中国建构丛书 / 夏雪梅主编）
ISBN 978-7-5191-2542-4

Ⅰ.①跨…　Ⅱ.①吴…②易…③刘…　Ⅲ.①空间
探索—教学活动—教学设计　Ⅳ.① V11 ② G42

中国版本图书馆 CIP 数据核字（2021）第 031252 号

学习素养·项目化学习的中国建构丛书
跨学科项目经典案例：太空探索"家"
KUA XUEKE XIANGMU JINGDIAN ANLI：TAIKONG TANSUO "JIA"

出版发行	教育科学出版社	邮　　编	100101
社　　址	北京·朝阳区安慧北里安园甲 9 号	编辑部电话	010-64989441
总编室电话	010-64981290	市场部电话	010-64989009
出版部电话	010-64989487	网　　址	http://www.esph.com.cn
传　　真	010-64891796		
经　　销	各地新华书店		
制　　作	锋尚设计		
印　　刷	保定市中画美凯印刷有限公司		
开　　本	720 毫米 ×1020 毫米　1/16	版　　次	2021 年 3 月第 1 版
印　　张	8	印　　次	2024 年 6 月第 10 次印刷
字　　数	55 千	定　　价	39.80 元

图书出现印装质量问题，本社负责调换。